A BRIEF HISTORY OF SCIENCE FOR CHILDREN

科学简史

少年简读版 ③

张玉光◎主　编

青岛出版集团 | 青岛出版社

图书在版编目（CIP）数据

科学简史：少年简读版. 3 / 张玉光主编. —青岛：青岛出版社，2024.4
ISBN 978-7-5736-2187-0

Ⅰ. ①科… Ⅱ. ①张… Ⅲ. ①自然科学史—世界—少年读物 Ⅳ. ① N091-49

中国国家版本馆 CIP 数据核字（2024）第 075711 号

KEXUE JIANSHI（SHAONIAN JIANDU BAN）

书　　名	**科学简史**（少年简读版）
主　　编	张玉光
出版发行	青岛出版社（青岛市崂山区海尔路 182 号）
本社网址	http://www.qdpub.com
责任编辑	朱子菡　张　鑫
封面设计	刘　帅
排　　版	青岛艺鑫制版印刷有限公司
印　　刷	青岛新华印刷有限公司
出版日期	2024 年 4 月第 1 版　2024 年 4 月第 1 次印刷
开　　本	16 开（889mm×1194mm）
印　　张	20
字　　数	400 千
书　　号	ISBN 978-7-5736-2187-0
定　　价	136.00 元（全四册）

编校印装质量、盗版监督服务电话　4006532017　0532-68068050

在几千年前的原始社会，人们计数的方法是在绳子上打结；在新石器时代，就有人尝试过开颅手术；在古埃及建造金字塔时，就用到了物理学知识，即便当时人们还并不知道物理为何物；16 世纪以前，大多数人都以为地球是宇宙的中心，太阳也要绕着地球转……以上就是科学萌芽时的样子。

科学是什么？在《礼记 · 大学》中，有“致知在格物，格物而后知至”的名言，意思是自己获得知识的途径在于推究事物的原理，研究万事万物的规律。细想起来，格物致知可不就是追寻科学。科学是人类认识世界的重要方式，它来源于人们的生活，也改变了人们的生活，人类更是凭借无限的思考和创造，使科学日新月异，为社会文明的发展提供源源不断的动力。

从远古时代到如今的信息化时代，从神灵崇拜到科学大爆发，从西方到东方，人类文明不断发展，科学的成就灿若繁星。

撷取科学发展的重要里程，我们编写了《科学简史（少年简读版）》。翻开这本书，你会发现一个全新的科学世界，从天文学、数学，到物理学、化学，再到生物学、医学……一套书带你快速了解科学史上的重大发明与发现。我们用简洁而详实的文字叙述，用精美而多彩的画作描绘，帮助小读者们了解科学演变的历史，认识一位位闪闪发光的科学家，引发对科学的思考。

第一章
地学

第二章
物理学（上）

第一章 地学

在很早之前，人类就对我们脚下的大地有极大的好奇。大家对地球最朴素的认识源自于各种神话传说，随着科学家们观察探究，人们才打破枷锁，开始认识真实的世界。此后，在科学技术的加持下，地学也一步步升级发展。

古人的“天地观”

人类对地球形状的认知经过了一个十分漫长的过程。古时候，人们既没有可以飞向太空的宇宙飞船，也没有精密的观测仪器。他们认为的地球大多是凭直观感觉想象出来的，所以在他们的认知中，地球的形状也是“方圆不一”，模样千奇百怪。

天圆地方说

大地

中国古代的各种学说

《晋书·天文志》中曾对“盖天说”有过记载：“其言天似盖笠，地法覆槃，天地各中高外下。”意思是天空中间高四周低，倒扣在地上，而地面同样是中间高四周低。而历史上有名的天文学家张衡则持有“浑天说”的观点，天球就像鸡蛋一样，地则如同鸡蛋黄一般位于“鸡蛋”的中央。天比地要大，靠气支撑着；天球的下面有很多水，地就漂浮在水上。

浑天说

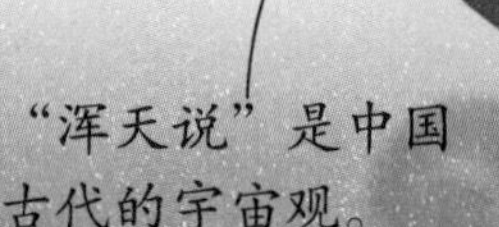

龟背山

在神秘的古巴比伦，人们对地球的形状则有着不同的看法。当地人曾认为，地面应该是乌龟壳一样高高隆起的空心山，它被水包围着，而天空像“天罩”一样稳稳地盖在上面。

象背上的“碗”

古印度人的“地球观”似乎更富有神话色彩。他们觉得大地像一个倒扣着的“圆盾”，“圆盾”下有几头大象支撑着，大象站在巨龟的背上，巨龟周围是浩瀚的海洋。

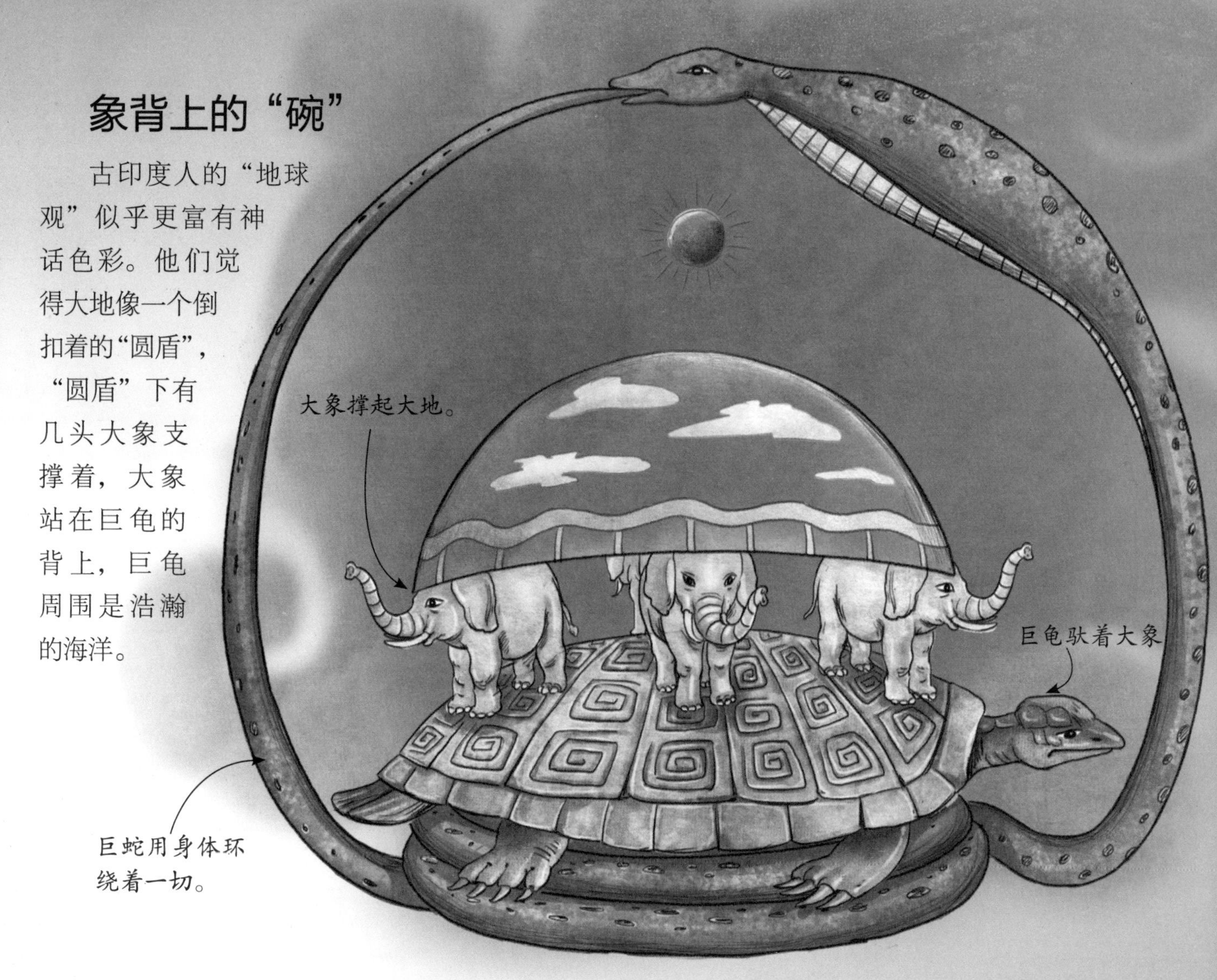

▲ 古印度人设想的地球

▼ 古埃及人设想的宇宙

山“扛着”天空

曾有古埃及人认为无垠的天空由高高的山“扛着”，星星则直接挂在天空上。还有古埃及人觉得，大地是一位身披植物的男神，天空是位女神，她由大气之神“托举着”。太阳神平日会乘船在天空四处游行。

鲸鱼说

古俄罗斯人的地球观同样很有“想象力”。他们觉得大地像一块超大的圆饼，圆饼被下面的三条巨型鲸鱼驮着。圆饼和鲸鱼漂浮在一望无际的大海之中。

▼ 被鲸鱼驮着的陆地

认识地球

时间一点一点流逝，人们对地球的认识也在慢慢发生着变化。从最初的肉眼观察，到富有创造力的想象，再到自然哲学的认知，人类一直在向科学地球观“靠近”。这个过程中，涌现出一大批追求真理的学者，他们为后人研究地球科学铺平了道路。

地为圆球

毕达哥拉斯是古希腊知名的哲学家、数学家，还是最早提出“地是球体”概念的人。不过，毕达哥拉斯的这种观点并非有什么确切的客观依据，人们推测他当时应该觉得圆形是最完美的几何图形，而圆形立体起来正好就是个球形。还有人认为，毕达哥拉斯应该曾观察过航船驶向地平线时，因视觉上有下沉的感觉，所以才提出了这个概念。

▲ 毕达哥拉斯提出“地圆说”

亚里士多德的地球观

古希腊学者亚里士多德多次观察月食等现象，渐渐意识到大地应该是球形。只可惜，这一说法没有得到具体论证。除此之外，亚里士多德还从地质学的角度论述过“地球在漫长时间内的变化”等相关问题。

▼ 亚里士多德

为石头分类的泰奥弗拉斯托斯

泰奥弗拉斯托斯同样是古希腊一位杰出的哲学家和科学家。他通过研究，根据受热变化以及硬度等特性对一些石头进行了分类。泰奥弗拉斯托斯还特地撰写过一篇名为《石头论》的文章，文中记录着很多有价值的矿物信息，还有怎样利用矿石制作石膏、油漆或玻璃等。

埃拉托色尼

在公元前 3 世纪的某一天，古埃及数学家埃拉托色尼在塞恩发现了一个特别的现象。当时正是夏日正午，太阳“悬挂”在头上，阳光居然可以直射进井中。这引起了埃拉托色尼的注意，他猜想，如果地球是个球体，这个现象或许能帮他测量出地球的周长。

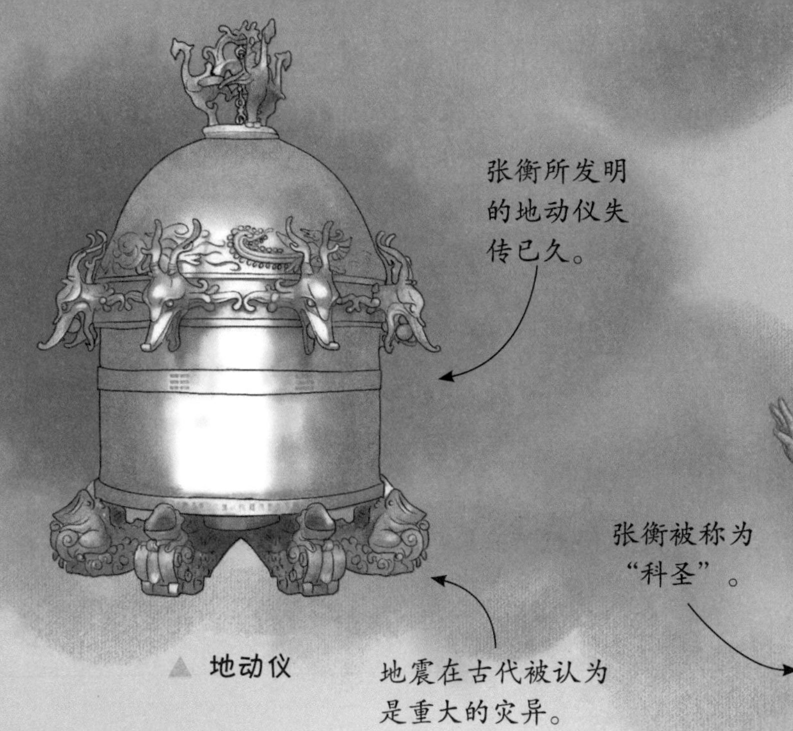

▲ 地动仪

▲ 张衡

张衡与地动仪

若说起中国古代的地学成就，有一个人不得不提，他就是张衡。东汉时期，地震频繁，百姓饱受灾害之苦。张衡心系百姓，经过长期研究，最终发明了地动仪。据可靠史料记载，地动仪的灵敏度比较高，曾先后准确报告了多次地震。

一行和尚与南宫说

子午圈弧度测量法

公元 6 世纪以后，因为受宗教的影响，西方科技在很长一段时间内都处于停滞不前的局面。而此时古代中国科技却迎来了“黄金期”。公元 8 世纪时，唐朝的一行和尚和太史监南宫说，在河南进行了一次工程浩大的子午线弧度测量。他们通过观测北极星高度，将天文学和大地测量紧密结合，最终得出结论，南北相差 351 里 80 步（约 151 公里）的两个地方北极纬度相差 1 度。这次测量给后来中国乃至世界的纬度测量奠定了基础。

沈括

北宋的沈括作为中国古代最杰出的“科学全才”之一，他在地质学方面的成就十分突出。

沈括曾在走访、游历雁荡山以及太行山的过程中，发现了一些贝壳化石。他由此推断，贝壳所处的地带曾经应该是一片水域，而这里之所以变成现在这副模样，可能是多条河流共同冲积留下泥沙造成的。沈括还根据雁荡山诸多山峰的顶峰高度趋于一致的现象进行分析，推断雁荡山现今的地貌是流水不断侵蚀造成的结果，这个结论比西方学者早了700多年。

之后，沈括在现在延安一带考察时，又有了新的发现。他在一条河岸旁的滑坡处发现了一个洞穴，这个洞穴里居然“珍藏”着很多植物化石。沈括从中意识到，或许远古时期，这里的气候并不干旱，相反这里应该是适合竹子生长的潮湿气候。

地理大发现

自公元 15 世纪开始，一些国家为了拓展海外市场，发展贸易经济，纷纷开始了海上探索之路。为此，一批又一批的航海家们不畏艰难险阻，乘风破浪，开辟出了很多海上航线。从那时起，世界渐渐融合成一个紧密联系的整体。所以，“地理大发现”被认为是人类发展史上具有重要意义的事件。

▲ 亨利王子帮助船员们规划航海路线

亨利王子

亨利王子是葡萄牙航海领域的奠基人，几乎把一生都奉献给了他所钟爱的航海事业。虽然亨利王子平时很少亲身乘船远航，却常常“决胜于千里之外”。他努力创办航海学校，培养航海人才，发展航海科技，同时大力修建港口和船厂，为葡萄牙成为航海大国立下了汗马功劳。

中世纪以来，西欧人的船只首次航行到印度。

▼ 达·伽马到达印度

达·伽马船队带了充足的物资，随行船员百余人。

迪亚士

巴尔托洛梅乌·缪·迪亚士同样是葡萄牙历史上赫赫有名的航海家。他热爱航海事业，并且具有丰富的航海经验。1487年的一天，被寄予厚望的迪亚士带领3艘帆船组成的船队满怀期待地出发了。在经受暴风雨等一系列的严峻考验之后，他们终于抵达了非洲最南端的好望角。这为葡萄牙后期开辟欧洲通往印度的航线奠定了坚实的基础，打开了亚欧大陆之间的海上通道。

达·伽马

在大航海时代，葡萄牙从不缺乏才能出众的航海人才。其中，睿智勇敢的达·伽马很快脱颖而出，得到了国王曼努埃尔一世的赏识。1497年7月，他带领一支150余人的船队浩浩荡荡地出发了。在海上艰难航行了3个多月之后，达·伽马船队安全到达好望角附近。他们稍做休整，继续沿非洲海岸航行。1498年5月20日，达·伽马船队终于成功抵达印度的卡利卡特港。

卡布拉尔

除了以上提到的几位航海英雄，葡萄牙还有一位著名的航海家佩德罗·阿尔瓦雷斯·卡布拉尔。1500年，卡布拉尔在葡萄牙国王的授意下，率领一支13艘船只组成的船队前往印度。可是，阴差阳错之下，一场风暴改变了他们的航向。卡布拉尔船队因此发现了一个森林密布的海岸，并将其命名为“圣十字架地”。这片神秘的地域就是现在的巴西。

▼ 卡布拉尔到达巴西

小百科

卡布拉尔的船队并没有因为发现“圣十字架地”终止航行任务。过了一段时间，他们又踏上了去往印度的旅程。可怕的事情发生了，他们在途经好望角时，再一次遭到了风暴的袭击，很多人都葬身大海。1500年9月13日，卡布拉尔船队终于抵达印度的卡利卡特港。

哥伦布

在世界航海英雄的史册上，有一个分外耀眼的名字——哥伦布。他借助葡萄牙与西班牙之间的航海竞赛，成功得到西班牙王室的信任，实现了自己一直以来的航海梦想。1492年8月，哥伦布率领船队扬帆起航，他们经历重重磨难，最终横渡大西洋，发现了美洲大陆。这是地理大发现的壮举，哥伦布因此成为大航海时代最伟大的航海家之一。

▶ 哥伦布发现美洲大陆

▲ 亚美利哥

亚美利哥

很长一段时间里，哥伦布都以为自己发现的美洲大陆是印度，还将其命名为“西印度”。后来，意大利著名的航海家亚美利哥在踏上美洲大陆，觉得那儿完全是一个新世界。1507 年，德国出版的一种地图第一次将新大陆命名为“亚美利哥”，渐渐地，亚美利哥就成了新大陆的代名词。

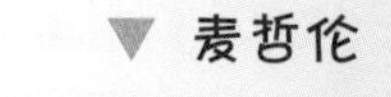

▼ 麦哲伦

麦哲伦船队环球航行历时1082天。

因船队成员与土著人发生冲突，麦哲伦被打死。

▼ 哥伦布船队到达美洲

手拿火枪的船员。

美洲原住民。

麦哲伦

在麦哲伦开始环球航行之前，有个问题一直困扰着人们——地球真的是圆的吗？是麦哲伦领导船队横渡太平洋，用实际行动向世人揭示了一个事实：全世界的海洋并不是独立存在的，而是个整体水域。从此，人们确信地圆学说是正确的。为航海事业献出宝贵生命的麦哲伦，成了世界航海史上屹立不倒的一座丰碑。

向近代地理学迈进

19世纪中叶，地理学开始进入全新的发展时期，“近代地理学”渐渐萌芽。在这个过程中，以地理学者亚历山大·冯·洪堡和卡尔·李特尔的成就最为卓著。他们继往开来，用多个地理学成果打开了近代地理学的大门，成为近代地理学的开拓者和奠基人。

▼ 洪堡

洪堡整合前人以及自己测定的数据，绘制了第一张世界等温线地图。

走在路上的科学家

洪堡自幼兴趣广泛，博学多才，具有良好的科学素养。他尤其热爱科学考察。20 多岁的时候，洪堡就游遍欧洲，去了很多国家；从 1799 年开始，30 岁的洪堡开始了令人难忘的美洲之旅，他用整整 5 年的时间对北美洲南部以及拉丁美洲进行了系统考察；60 岁时，洪堡依旧走在路上，他曾应邀对西伯利亚地区进行了短期的考察。这些经历无疑对他的科学理念和科学认知产生了巨大的影响。

卓越的地理学贡献

有人说，洪堡就像诗人歌德所称赞的一种“多头喷泉”，随便触碰哪一面，都会喷射出清澈的泉水。事实上，这位百科全书式的人才，为地球科学的许多分支学科都做出了卓越的贡献。

▼ 洪堡进行考察

洪堡对南美洲的气候、动植物种类、地形地貌进行了考察。

洪堡实地观察植物垂直分布特点，向世人充分论述了气温会随海拔高度的增加而递减的规律；洪堡在海水温度与垂直分布状况等方面也有着深入的研究；他还是第一个发现秘鲁寒流的人……因为这些杰出的成就，他被公认为是近代地理学的奠基人。

卡尔·李特尔

另一个著名的近代地理学奠基人是卡尔·李特尔，是被后世称为“人文地理学之父”的地理大家。他认为地理学是一门“经验科学”，应该通过实地考察以及比较等方式研究各种地理现象之间的因果关系。他还主张人地关系是地理学研究的核心，地理学的研究对象应该是分布着人的地表空间。此外，李特尔还有创用“地学”一词等一系列的突出贡献。他的这些阐述人地关系、强调地理学综合统一的观点和理论，为人文地理学的发展奠定了坚实的基础。

《地学通论》

卡尔·李特尔有一本闻名世界的地理学巨著，名字叫《地学通论》。这本著作不仅包含很多地域的自然、人文知识，还有很多有意义的历史事件、探险旅行事件等，对后世地理学的发展影响深远。

▼ 卡尔·李特尔

蓬勃发展的地理学

在洪堡、李特尔等人的引领下，地理学的发展开始进入崭新的阶段。越来越多的人致力于地理学研究，进而提出了各种科学的地理理论、观点。基于这种强大的推动力，地理学迎来了辉煌的发展期。

李希霍芬

说起李希霍芬，或许有些人会觉得陌生。可是，你知道吗？这位地理学家曾在19世纪60至70年代多次到中国旅行，与中国有很深的历史渊源。他历时35年编写的巨著《中国》一书，就系统地阐述了中国多个地区的自然地理特征、地质特点。

李希霍芬通过长期实地考察，积累了大量的地理学研究方法。在此基础之上，他先后撰写了多部地理学著作，里面涉及多方面的地理学知识，如怎样制图、如何进行考察、收集资料等。当然，这些著作中还包括地表、地貌、土壤的形成过程以及相关类型等内容。

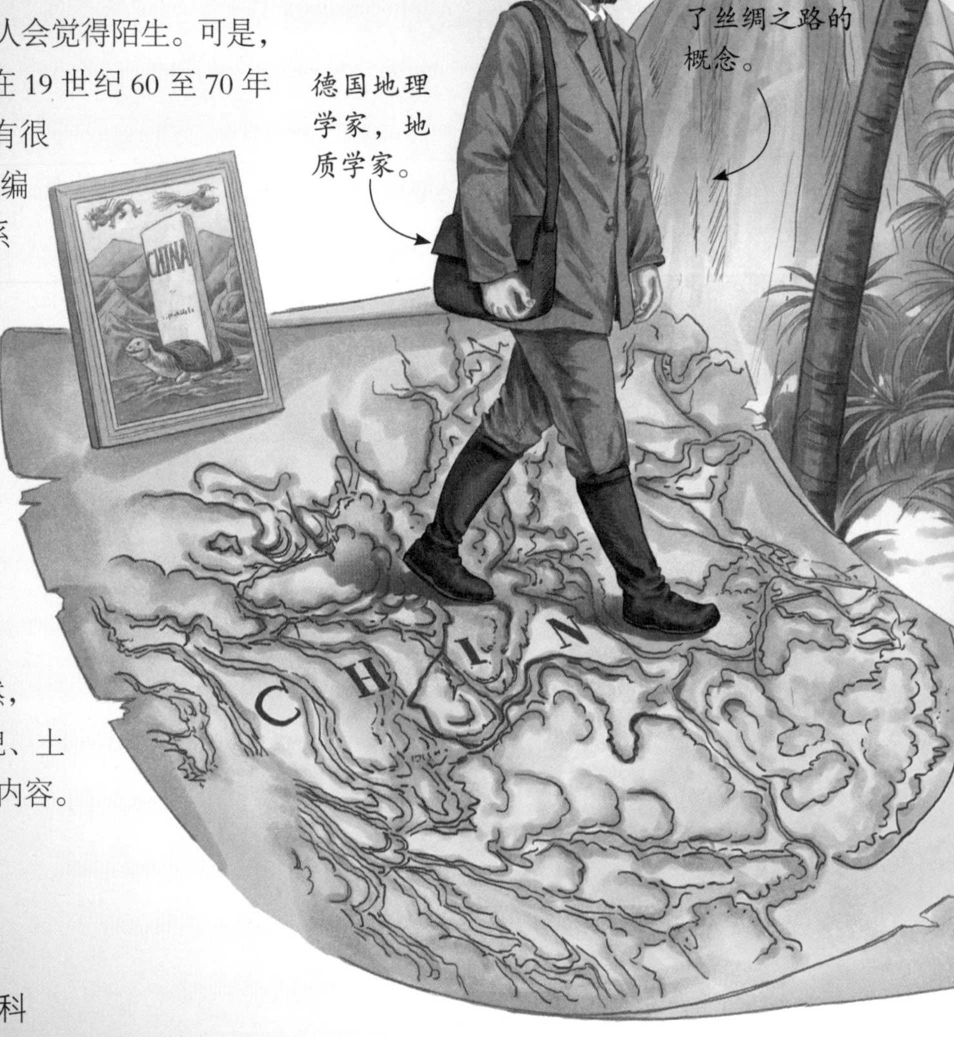

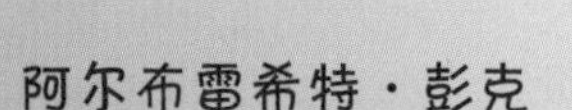

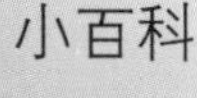

阿尔布雷希特·彭克在对阿尔卑斯山进行科学考察结束后，撰写出了《冰川时期的阿尔卑斯山》。这部伟大著作中的“第四纪冰期”的概念、理论，对后世影响十分深远。

阿尔布雷希特·彭克

阿尔布雷希特·彭克是地理学研究史上第一位用“地形态学”一词来论述地球形态起因的人，他曾先后创立了气候地貌学、第四纪冰川地层学，被誉为“20世纪初最杰出的地貌学家之一”。此外，他在气候分类学、政治地理学、区域生态学等领域也有不少贡献。

拉采尔

拉采尔是位“半路出家”的人文地理学家。原本学习动物学和地质学的他，在达尔文进化论的影响下，迈入了地理学研究的大门。他编写了《人类地理学》《政治地理学》《地球与生命：比较地理学》等多部著作，系统地论述了人地关系、文化借鉴和影响人类分布、迁移因素等先进问题，促进了近代地理学的发展。

赫特纳

赫特纳从学生时代起就开始进行“地理学方法论”的研究。19 世纪 90 年代以后，他开始到南美洲、非洲、亚洲等地进行实地考察、旅行，掌握了大量的资料。1927 年，赫特纳出版了《地理学：它的历史、性质和方法》一书，他在书中具体论述了地理学的历史、性质及研究方法等多方面的知识，表达了“地理学区域特性”的核心思想。

计量革命

时间的脚步从未停歇，在经历了举世瞩目的繁荣期后，地理学在 20 世纪迎来了足以载入史册的伟大变革——计量革命。从 20 世纪 50 年代起，人们逐渐开始采用现代数学的方式和方法来分析、解答一些地理学问题。这种转变无疑使地理学迈上了新的台阶。

▲ 加里逊

计量革命的萌芽

1955 年，一贯倡导把地理理论和方法建立在定量基础上的加里逊，创造性地在华盛顿大学地理系开设了一个应用数理统计研究班。之后，加里逊继续从多方面入手，推广用客观统计数字来进行地理学方面的研究。此外，瑞典地理学家哈格斯特朗对计量地理学发展的贡献也功不可没。他很早就对地理计量方法展开了深入研究，并多次组织美国和瑞典地理学者就这一思想进行交流。在他们的努力下，计量地理学渐渐发展起来。

计量革命大爆发

20 世纪 60 年代以后，地理学界迎来了真正的"计量革命"。短短几年间，计量运动几乎席卷整个世界。以彼得·哈格特、大卫·哈维为代表的大批学者开始加入这场轰轰烈烈的地理革命，一些相应学派如雨后春笋般出现，进而萌发了不少进步思想。

▼ 哈格斯特朗

◀ 大卫·哈维

▲ 彼得·哈格特

当时不少国家开始出版、发行有关计量地理学方面的书籍、期刊。此外，各国还陆续建立了有关计量地理学的组织，组织召开各种研讨会。1964 年，国际地理学联合会特别设立了地理学计量方法学委员会。

▲ 计量地理学发展起来

走向衰落

尽管进入 20 世纪 70 年代后，计量革命的热潮也持续了一段时间，可是它很快便走向了衰落。一些学者在进行相关研究时不仅忽略了地理学的时空特点，片面排斥地理学上传统的定性分析法，而且过于强调定量化，觉得一切东西都可以计量。更夸张的是，有些人甚至把地理学著作完全变成了数学公式，这受到了正统地理学者们的批判。1976 年，一些地理学家在地理学大会上提出，要“重新评价计量地理学”，曾经由国际地理学会成立的“地理学计量方法委员会”也在此次会议上宣布彻底解散。

现代地理新技术

经过长期的发展，地理学已经慢慢形成了一套趋于完整的知识体系。而有关地理学的研究方法也在不断进步的科技的推动下发生了伟大变革。人们不再依赖传统的方式、方法进行地理学探索，而是用多种技术手段把地理学发展成了一门真正的科学。

▲ VR+地理

计算技术

最具代表性的地理新科技恐怕就是我们大家熟知的地理信息系统（GIS）了吧。它通过计算机数字化技术，可以充分获取、分析、处理各种空间地理信息，从而为我们把真实世界通过另一种方式表达出来。准确、复杂的电子地图就是这样构建出来的。不仅如此，人们把先进的计算技术与视觉呈现技术相结合，创造出了虚拟现实技术（VR）、增强现实技术（AR）。它们在场景预测以及地理环境重建等方面具有重要意义。

空间技术

如今，越来越多的空间技术被应用到地理学的研究上。倘若我们想要进行对地观测，有一项科技肯定少不了，那就是遥感技术。地球周围分布的数千颗遥感卫星会为我们提供大量科研数据，从而帮助我们了解地球地表的变化。另外，卫星导航定位技术也是空间技术成果的一大体现。有了它，我们就能准确掌握自己的位置信息了。

小百科

目前，全球有四大卫星导航定位系统，分别是北斗卫星导航系统、全球定位导航系统、伽利略卫星导航系统、格洛纳斯全球卫星导航系统。

互联网技术

互联网技术有多么重要？人们的生产和生活都离不开它。在地理学研究方面，互联网技术的贡献也很大，没有它，我们根本无法在线“定制”地图，更不可能及时掌握路况信息。不仅如此，我们在线订餐、在线打车时，几乎一刻都离不开它。有了互联网，线上服务与线下场景互通才能变成现实。

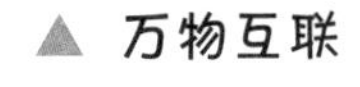
▲ 万物互联

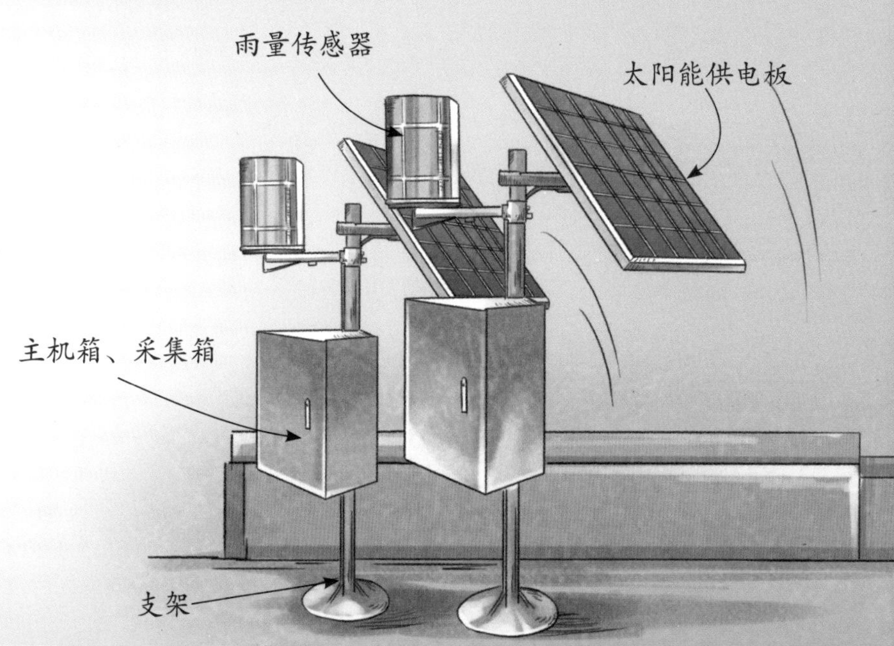

▲ 自动雨量监测仪

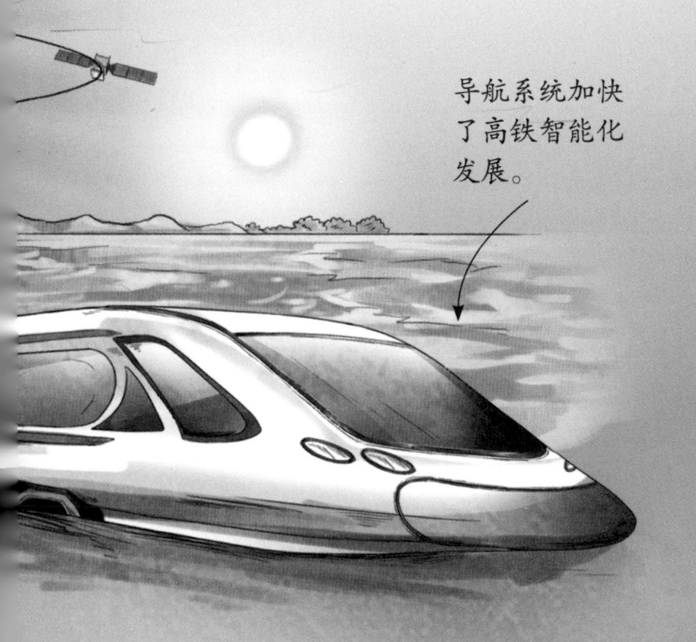

自动化与传感网技术

近年来，自动化与传感网技术发展十分迅速。这些先进技术同样很快融入了地理学领域。人们利用五花八门的自动传感仪器进行各种各样的观测，海洋、极地、冰川气候以及动植物等信息正是在这些技术的帮助下，才会源源不断传送给我们。

地质宝藏

▲ 原始人将矿物制成工具

自文明的火种诞生以来，人类似乎从未停止过对地质宝藏的探索。早在很久以前，我们的祖先就已经开始懂得获取各种珍贵的矿藏了。人类有关矿物以及地质方面的知识也是在这个过程中慢慢积累起来的。

从石器开始

最早的时候，人类还没有形成地质、矿物方面的概念。石器时代，人们开始把一些矿物岩石打磨成各种各样的工具，用以生产和生活。有关统计表明，单是在中国发现的石器时代被利用的矿物岩石就多达几十种。有意思的是，当时有些矿物、岩石还被做成了装饰品。

▲ 矿物冶炼

利用、认识矿石

伴随文明的进步，人类利用矿石的技术也得到了进一步发展。很快，人们掌握了各种冶炼方法，开始冶炼青铜、铁。要知道，在中国古代有很长一段时间，冶炼业都非常发达。《山海经》中不仅有各种奇兽和传说，还记述了大量的矿物知识。

采掘矿藏

除了矿石，中国古代劳动人民还在实践过程中发现了很多珍贵的矿藏。从秦汉时期开始，我们的祖先就开发和利用起了煤炭、石油、天然气和盐。这些在《汉书·地理志》《梦溪笔谈》《汉书》等文献中都有明确记载。

深埋地下的矿藏。

▲ 矿产的开采

▼ 亚里士多德

亚里士多德把同金属相似的矿物归为"似金属类"。

西方地质学的先行者

当然，西方国家早期也积累了一些丰富的岩矿知识。古希腊哲学家、科学家亚里士多德就是其中的先行者。他曾在著作《气象学》中讨论过矿物的成因，认为地球内部烟气以及水气等彼此作用，就会"孕育"出不同的矿物。

矿物学之父——阿格里科拉

提到地质学的发展历史，有一个人的名字不得不提，他就是阿格里科拉。这位著名的矿物学家呕心沥血，历经 10 年打磨，才完成了伟大著作《论矿冶》。可以说，这套巨著代表着 16 世纪西方冶金以及采矿工艺的最高水平，具有无可替代的矿物学意义。

转行研究矿物学

或许有些人难以料到，在矿物学领域如此知名的阿格里科拉曾经是这方面的“门外汉”。16 世纪初，年轻的阿格里科拉在茨威考的学校里教授拉丁文与希腊文，在他 29 岁时，去往意大利学习医药知识，获得医学博士学位。回国后，他因兴趣开始钻研矿物学，并在采矿业发达的开姆尼茨做研究。

《论矿冶》

后来，阿格里科拉曾先后到当时的约阿希姆斯塔尔、开姆尼茨等地行医，在那里他收集到了不少矿物资料，这为日后编写《论矿冶》奠定了坚实的基础。令人惋惜的是，《论矿冶》直到阿格里科拉死后一年才开始出版。这套著作囊括了当时有关采矿作业及相关领域的知识。

▲ 采矿及矿床勘探

《论矿冶》

矿物学的标杆

《论矿冶》不仅语言简单明了，而且书中还配有约300幅精美的插图。所以，这套古典科学著作一面世便大受欢迎。从1556年出版到1700年，《论矿冶》以德语、意大利语、拉丁语的形式被印制为多种版本，足见其火热程度。1912年，一名美国采矿工程师和妻子共同将《论矿冶》翻译成了英文版本。这两人就是后来著名的美国总统赫伯特·胡佛和总统夫人露·胡佛。

清朝时，《论矿冶》还曾传到中国，被汤若望翻译成了中文版本，它当时在中国的名字是《坤舆格致》。

“火成论”与“水成论”

科学的发展历程似乎总是充满了曲折和艰辛，地质学当然也不例外。17 世纪，因为宗教信仰，人们的地质观念与宗教思想的联系变得十分紧密。可是，随着时间的推移，科学的地质观念开始涌现出来。不同的观点引发了一场异常激烈的斗争……

▼ 诺亚大洪水

▼ 亚伯拉罕·戈特洛布·维尔纳

◀ 维尔纳提出的地层结构示意图

水成论

17 世纪，欧洲宗教势力依然十分强大。人们的很多观念和思想都受到《圣经》的影响。当时不少地质研究者们心中普遍信奉两种观点，一是上帝创造了世界，二是上帝曾经“制造”过一场诺亚大洪水。1695 年，英国医学教授德沃德在自己出版的著作《地球自然历史初探》中提出，地层中的化石是诺亚大洪水中淹死的生物，后来经泥沙埋藏后慢慢形成的。这就是“水成论”。那时，这种观点得到了很多人的支持，其中就包括德国地质学家维尔纳。

火成论

虽然“水成论”思想在很长一段时间内都处于“主流”，但它也时常会遭到科学理论的“挑战”。很快，“水成论”“一统江山”的局面就被另外一群人打破了。这其中最具代表性的人物就是詹姆斯·赫顿。

1788年，赫顿发表了论文《地球学说，或对陆地组成、瓦解和复原规律的研究》。他明确指出，地球内部像燃料库一样火热，运动的岩浆形成了火山和山脉隆起。而结晶岩是火山喷发的熔岩固化后形成的。河水会把很多风化的沙子、泥土和砾石带到海里，如此一来，结晶岩就盖上了“被子”。后来，这层“被子”在地球内热、海洋压力等各种地质作用下固结。这就是著名的“火成论”。

不久，“水成论”与“火成论”之间轰轰烈烈的论战便开始了。不过，随着人们对地质研究的深入，“火成论”渐渐取得了胜利。

▼ 詹姆斯·赫顿

▲ 居维叶在介绍灾变论

划时代的巨著

赫顿去世以后，他所代表的“科学思想阵营”并没有就此倒下。英国地质学家莱伊尔很快扛起了这面大旗。他在总结实践经验、借鉴前人思想的基础上，撰写出一部划时代的地质学巨著——《地质学原理》。

“灾变论”产生

在赫顿之后，法国学者居维叶提出了“灾变论”。他在研究了一些地层化石以及岩层结构后认为，地壳曾经发生过巨大变化，导致地球遭受了灾祸。地形因此发生变化，生物几乎灭绝，尸体随后沉积在相应的地层中，变成了化石。他推测，地球应该发生过数次这样的灾变和再生的过程。

▲ 莱伊尔

提出质疑

因为“灾变论”恰好与宗教的“诺亚大洪水”理论相吻合，所以得到了宗教方面的支持、拥护。原本，英国地质学家莱伊尔也对“灾变论”深信不疑。可是，他在对欧洲多地进行考察后发现，在大量事实面前，“灾变论”似乎有些站不住脚。莱伊尔根据自己在埃特纳火山以及奥弗涅地区收集到的“证据”指出，比较重大的地质演变应该是渐变的。

小百科

在莱伊尔之前，法国学者拉马克在著作《动物学哲学》中就提到，生物进化的过程是非常漫长的一个过程，它与地球演变应该是同时进行的。这个理论让莱伊尔加深了对“灾变论”的怀疑。

《地质学原理》诞生

从 1828 年开始，莱伊尔不断总结地质考察资料，花费了整整 5 年时间总结、出版了《地质学原理》。《地质学原理》共分为 4 卷，是地质学发展史上不朽的经典著作。莱伊尔在书中指出，地壳岩石如同刻录机一般记录着地球亿万年来的发展历程，河流、潮汐、降水、风等这些看起来微不足道的力量，其实一直默默改变着地球的面貌。这种观点当时被学者们称为“均变论”。

重要意义

虽然《地质学原理》中对于矿物学、岩类学等静态地质学的内容未有较多涉及，不过作者在其中总结出了一系列的地质学研究方法。它初步确定了地质学的概念和体系，是地质学建立的重要标志。在这部著作的引导下，地质学开始进入全新的发展阶段。

▼《地质学原理》

追寻远古印记

大自然中蕴含着无数的奥秘，有时候，我们一直苦苦寻找的答案或许就藏在某个不知名的角落。我们纵观地质学的发展历史可以发现，很多地质工作者们正是因为这种信念的指引，才选择到野外进行艰苦的地质考察。如果没有这些地质学家的努力，我们也许根本无法知晓那些千奇百怪的远古生物，更不可能了解地质演变的真相。

麦奇生和夏洛特·胡歌宁

陆地上分布着大面积森林。

麦奇生的地质路

罗德里克·英庇·麦奇生与地理学家詹姆斯·赫顿生活在同一时代，他与妻子夏洛特·胡歌宁颇爱游历。两人在 20 年的时间里，几乎每年夏天都会在英国、法国以及阿尔卑斯山脉间进行地质考察。夏洛特在麦奇生的科研生涯中，给了他很多的建议，很好地启发了他。

笔石化石

命名“志留纪”

麦奇生在南威尔士和威尔士边境地区建立了岩石系统，并以威尔士凯尔特人部落志留人命名该地层。他的朋友塞奇威克建立了寒武纪制度，在和挚友讨论时，麦奇生觉得，他们在寒武纪和志留纪之间的界线上陷入了争议。直到 1879 年，查尔斯·拉普沃思在提出一个全新的干预系统奥陶纪后，才最终解决了这一分歧。志留纪时期的笔石化石甚多，因此这个时期又常被称为“笔石时代”。

构建泥盆纪

后来，麦奇生与塞奇威克开始合作，他们在考察英国西南部的德文郡和康沃尔地区的地层时，有了命名泥盆纪的想法。于是，两人以论文的形式论述了这一发现，把它提交到了地质学会。

发现二叠纪

1840 至 1841 年间，麦奇生在爱德华·德·维纳伊以及亚历山大·冯·凯泽林的陪同下，再次踏上了地质考察的旅程。他们一行人千里迢迢，去到俄罗斯。功夫不负有心人，他们在比尔海姆地区发现了新地层，最终将其命名为“二叠纪”。

固定论与活动论的对决

固定论

坚持“固定论”的一方认为，地壳运动和海陆变化只是在原有位置上进行的垂直运动，不存在大规模的水平运动。地面的隆起、沉降就是它们主要的表现形式。固定论的代表理论是地槽－地台学说。

进入 20 世纪以后，地质学迎来了发展的“黄金期”，地质学界发生了一系列的变革。这一时期，人们开始围绕地壳运动与地壳结构展开各种深入的讨论、研究，由此产生了两种长期对立的理论，即固定论与活动论。

“地槽－地台”学说

1859 年，美国地质学家 J・霍尔在对阿巴拉契亚山脉进行细致的考察之后，提出这个山脉是下沉槽地的沉积物不断堆积、升高所形成的。1873 年，J・D・丹纳进一步发展了 J・霍尔的理论，创造了“地槽”一词，开始用地槽来代表地壳中“活泼好动”、强烈凹陷的部分。久而久之，“地槽”就成了那些有厚厚沉积物堆积的下沉区域的代名词。

J・霍尔

“地槽－地台”学说的提出是地质科学的飞跃。

卡尔宾斯基

俄国地质学派创始人。

J・D・丹纳

“地槽-地台”学说的提出

1880 年，俄国地质学家卡尔宾斯基基于“地槽学说”提出了“地台理论”。他认为，上部有沉积物层、下部有结晶褶皱基底的“地台”，是地质构造单元中比较稳定的部分。后来，这两种理论开始被统称为“地槽－地台”学说。

活动论

“活动论”的观点与“固定论”的观点恰好相反。活动论的主要观点是：地壳和上地幔不但会进行垂直运动，而且存在更大范围的水平运动。陆地和海洋的位置并非是一成不变的，在整个地质时期内，它们的相对位置以及各自的内部都在运动，发生着变化。

▼ 大陆漂移学说

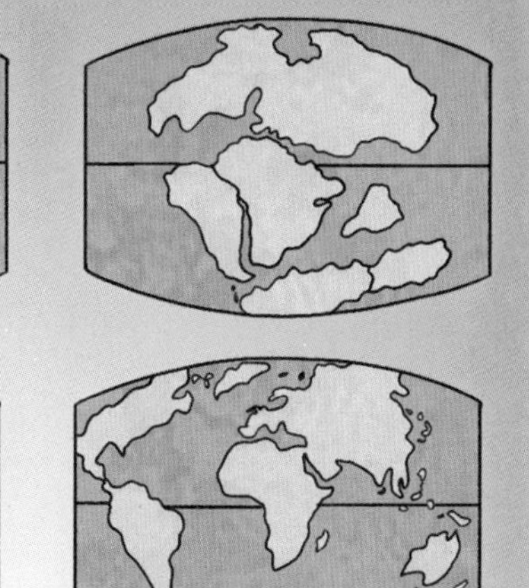

▶ 魏格纳

▼ 海底扩张学说

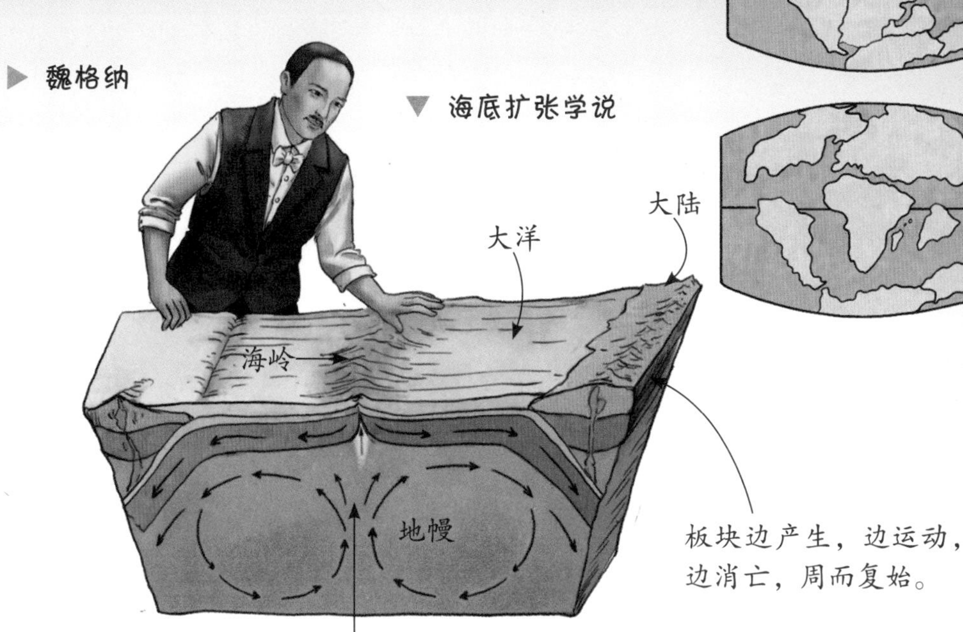

大陆漂移假说

1910 年，德国地质学家魏格纳在总结前人经验、理论的基础上，提出了“大陆漂移假说”。1915 年，他在自己的著作《大陆与大洋的起源》中，对“大陆漂移学说”作了充分且详细的论述：石炭纪以前，地球上的大陆是“一整块”的泛古陆，浩瀚的海洋围绕在它的周围。后来，大陆慢慢分裂开来，最终变成现在的海陆分布情况。

20 世纪 60 年代，海洋地质学研究取得了不少成果。美国海洋地质学家 H · 赫斯等人在此基础上，提出了“海底扩张学说”。他们认为，海洋地壳是地幔等物质以岩浆形式从洋中脊流出，最终冷却之后形成的。接着，加拿大的地球物理学家 J · T · 威尔逊又提出了著名的“板块构造学说”，指出地球的岩石圈是由一些活动的“板块”“拼凑”而成，板块间的相互作用是引起地壳活动的主要原因。因为海底扩张，大陆出现漂移，进而使岩石圈出现了规模不一的水平运动和垂直运动。

经历长达半个世纪的争论，“板块构造学说”取得了最终的胜利，它是地球科学的一次重大突破，被认为是地质学历史上最伟大的变革之一。

▼ 板块构造学说

为地质学插上科技翅膀

20 世纪是科技迅猛发展的一个时代，自然而然的，人类在科学方面也取得了一系列前所未有的丰硕成果，包括地质学在内的多个学科都得到了充分发展。正是因为日新月异的科技，地质学才有了腾飞的翅膀。

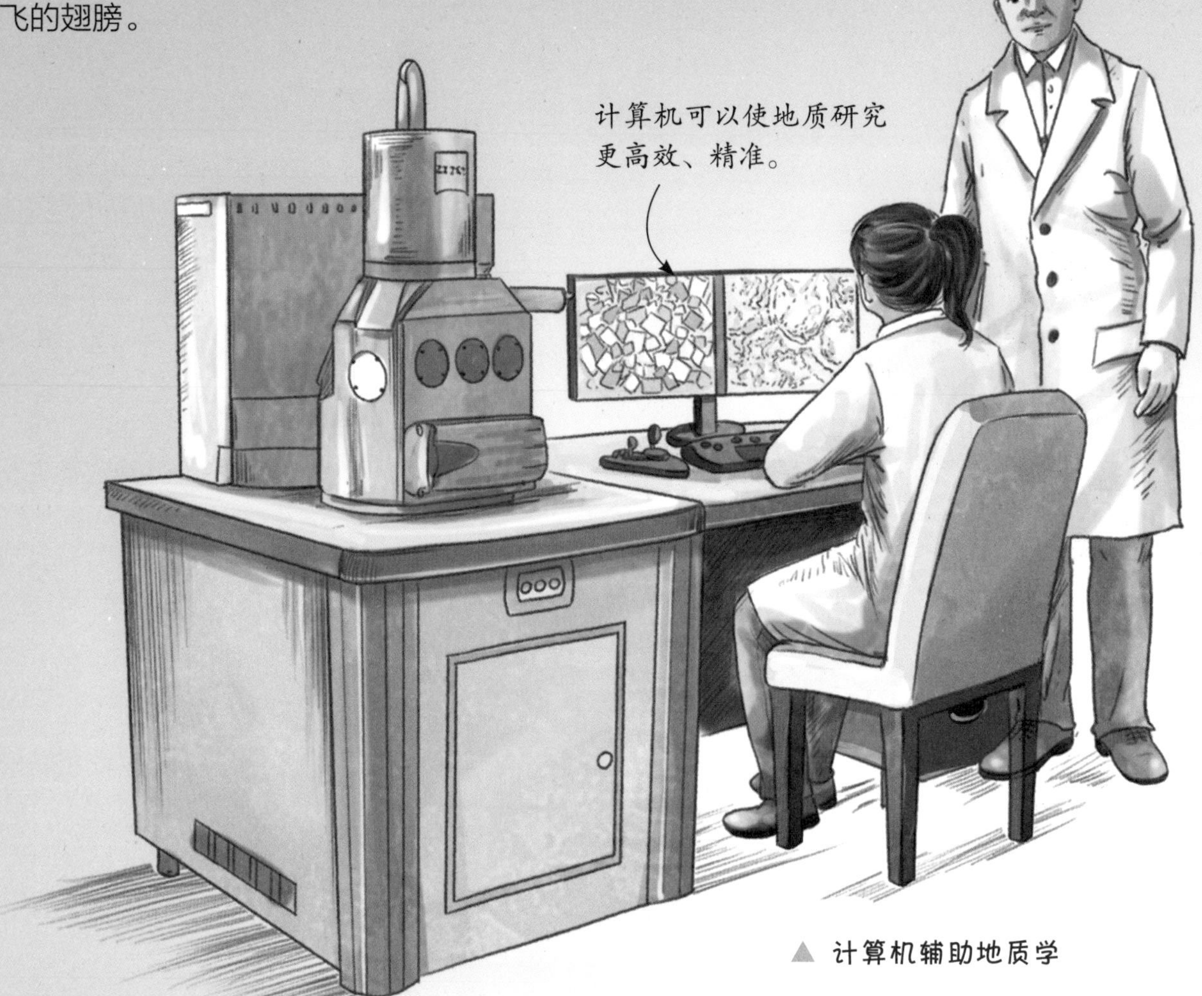

▲ 计算机辅助地质学

电子显微镜

很久以前，因为技术条件的限制，人们只能通过肉眼、放大镜或光学显微镜等方式来进行晶体方面的研究。电子显微镜的出现，让这一切都变得不同了。有了它，人们轻轻松松就能观察到一些晶体的微观结构。从此，人类对于晶体的研究又向前迈了一大步。

计算机技术

计算机技术应用范围广泛，几乎每一个学科都有它的身影，它在地质学领域也是个不折不扣的“劳模”。数据处理、图像信息的生成采集、卫星影像汇总、构建地质模型……这些复杂的工作都需要计算机技术的帮助才能完成。由此而知，它对地质学的研究有多么重要。

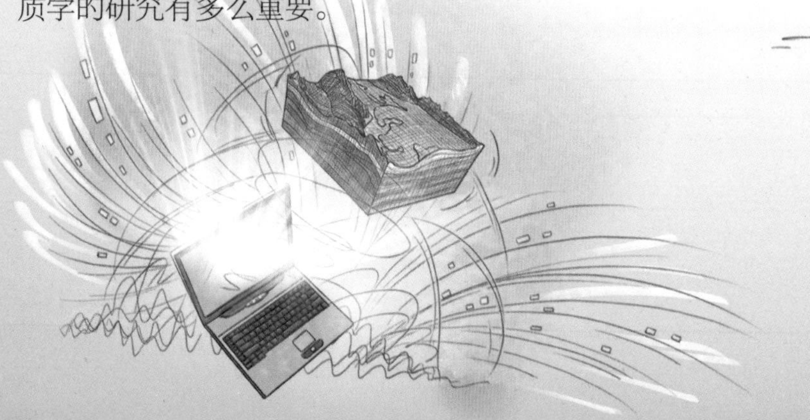

▲ 地球内部构造的研究

高温高压实验技术

如今，得益于科技的进步，我们不但可以借助各种精密的仪器观察、分析矿物，还能在实验室里模拟岩石、矿物的地质作用过程。通过新兴的高温高压实验技术，地质学家们可以在实验室中“还原”出地球内部的温度和压力环境，帮助我们充分了解地球内部的结构以及物质组成的情况。可以说，它是人类探索地球内部物质组成和结构必不可少的“一盏明灯”。

同位素地质测年技术

地质环境十分复杂，我们该怎么测定地质的具体年龄和地质事件发生的年代呢？别担心，同位素地质测年技术可以帮我们轻松搞定。这种技术可以根据放射性同位素的衰变规律帮助我们找到相应的答案。有了它，地球和其他行星物质的形成历史、演化规律等难题都可以被攻克。

▼ 测定地质年龄

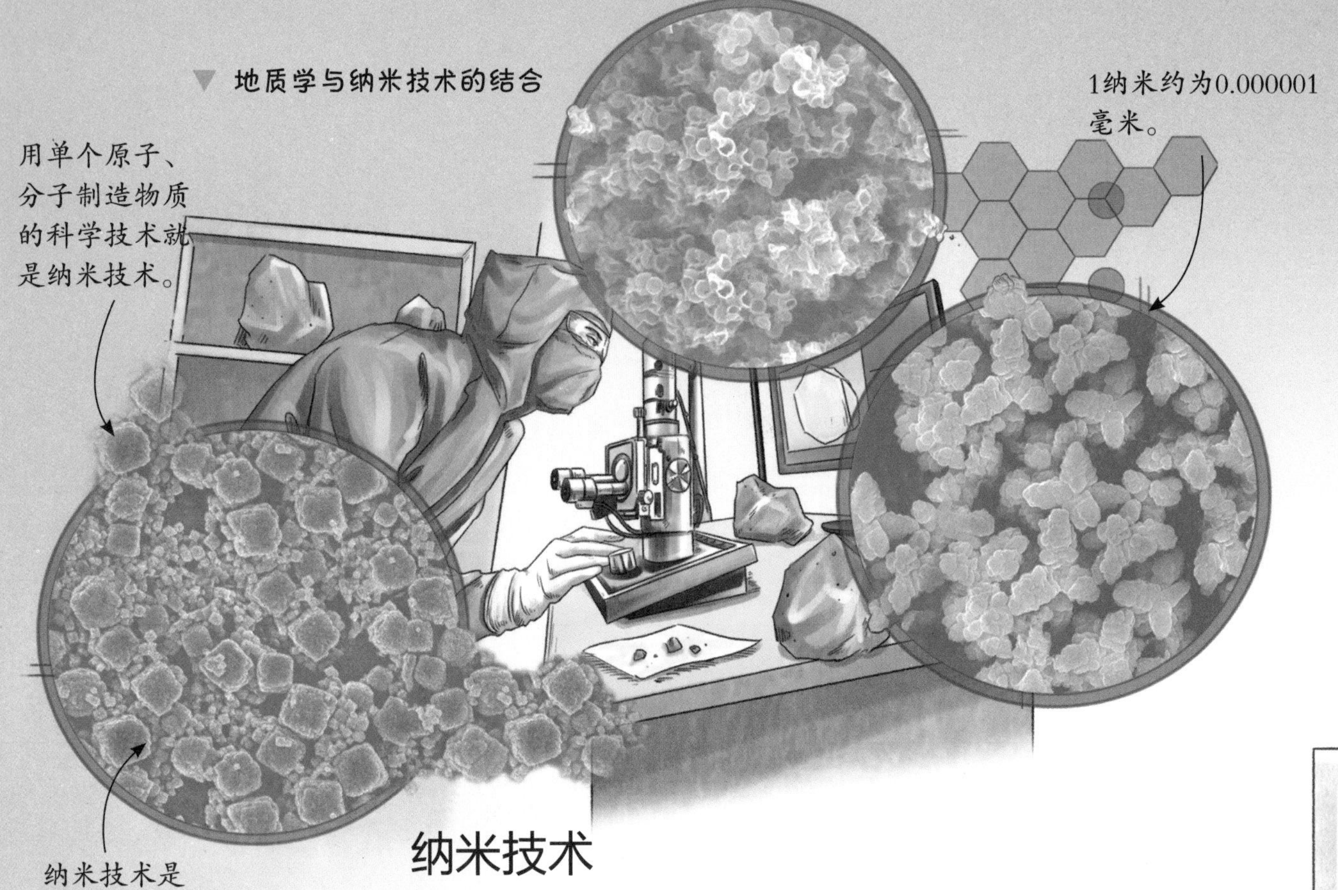

纳米技术

要知道，纳米技术在很多科学领域都得到了应用，为推动世界科学进步立下了汗马功劳。当然，它在地质学上也有很大的用武之地。从纳米角度观察，我们可以了解矿物形成以及演化过程。要知道，纳米粒子存在于一些岩石褶皱、断裂的剪切运动滑移层面上，通过研究它，我们就能掌握某些地质传递滑移机理。

大陆超深钻与深海钻探技术

长期以来，深入地球内部一直是人类的梦想，因为只有这样，我们才能更直接地了解地球奥秘。科学钻探技术无疑是人类了解地球内部信息最直接、有效的方法。经过一代代科研工作者的努力，如今人们已经掌握了大陆超深钻与深海钻探技术，有了这些特殊的“望远镜”，地壳物质组成、地壳构造、地热结构以及地球内部的信息都将一一呈现在我们眼前。

航天技术

随着航天技术的进步，人类进军太空的计划正在一步步实现。航天科技作为行星研究和探测的“必备武器”，地质学在其推动下，也得到了充分发展。不过，需要注意的是，在认识地貌、采集样品、研究行星地质结构等方面，我们仍旧有很长的路要走。

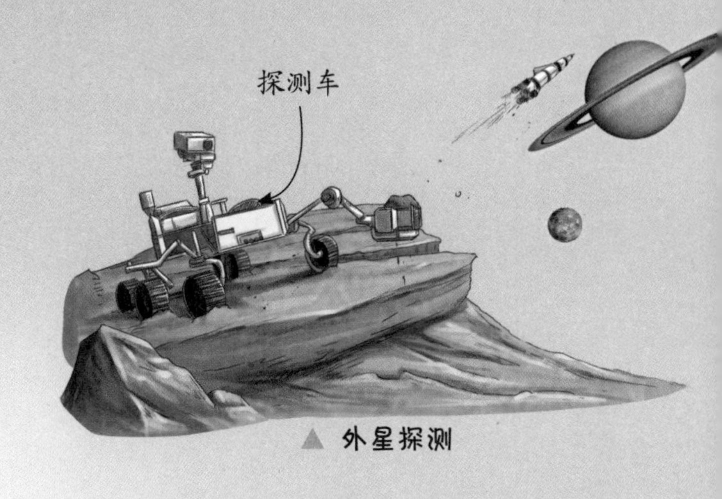

▲ 外星探测

激光技术

与很多技术相比，激光技术目前在地质学领域中的应用并不十分广泛。作为先进科技的代表，它的“存在感”却很强。现在，我们主要利用激光技术来测量地月距离、观测地壳运动，通过激光光谱分析矿物物质成分，使用一些激光仪器测量岩石矿物的颗粒以及孔隙分布情况等。可以肯定的是，激光技术未来必定会给地质学带来重大变革。

地质学的应用

地质学有多么重要？它除了是人类科学必不可少的一部分，还对人类认识自然、促进人类与自然和谐相处发挥着不可忽视的作用。可以说，这门与人类活动息息相关的科学，不知不觉中已经改变了人类科学文明的进程，它帮助我们解决了很多生活中的难题。

▲ 修筑堤坝

防灾治灾

地质作用虽然“创造”出了适宜人类居住的环境，可是它同时也会给我们带来了一些烦恼。其中，频发的自然灾害就是让人十分头疼的一件事。根据现在的技术水平分析，我们还无法从根本上改变地质活动，阻止地震、洪水泛滥、火山爆发等灾害的发生。可是我们能根据地质作用的规律，预报、预防这些灾害，最大限度地减少损失。

保障工程、设施建设

我们在建设新设施、设计新工程之前，都需要专业地质人员对工程的可行性进行评估。例如，工程所在地的地质条件如何，工程建成以后是否会对地质环境产生影响，怎样设计布局更合理……这些都是必不可少的依据。只有地质条件允许，工程才能顺利实施。

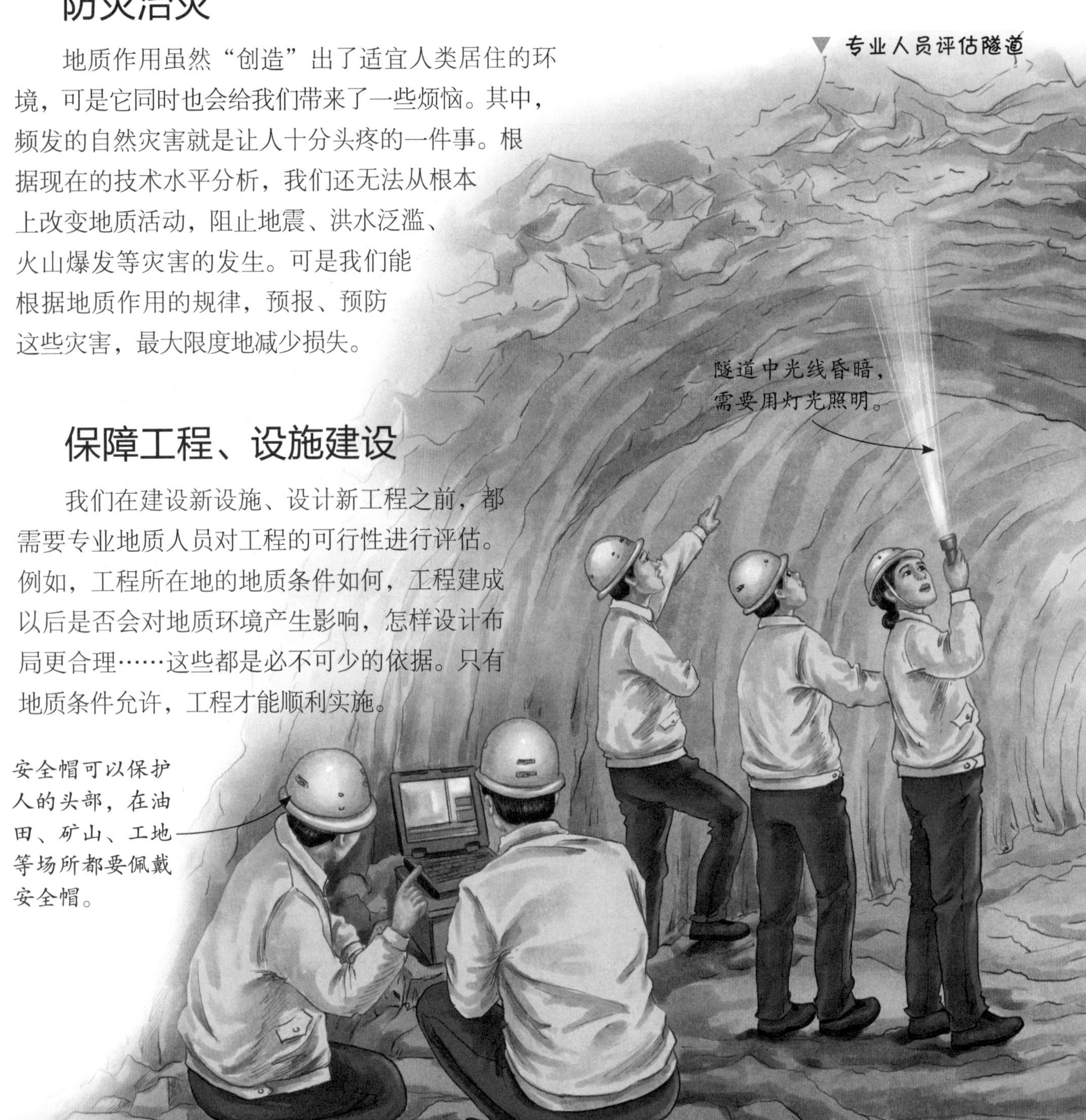

▼ 专业人员评估隧道

提供工业原料

很多地质学学科都对研究矿产资源的成因以及分布规律有着非常重要的意义。通过综合运用其中的理论和方法，我们可以更好地开发、利用矿藏，为工业生产找到更多的原料。煤炭、石油、天然气、稀有金属等重要的“工业血液”，都是人类在地质学发展过程中找到的珍贵宝藏。

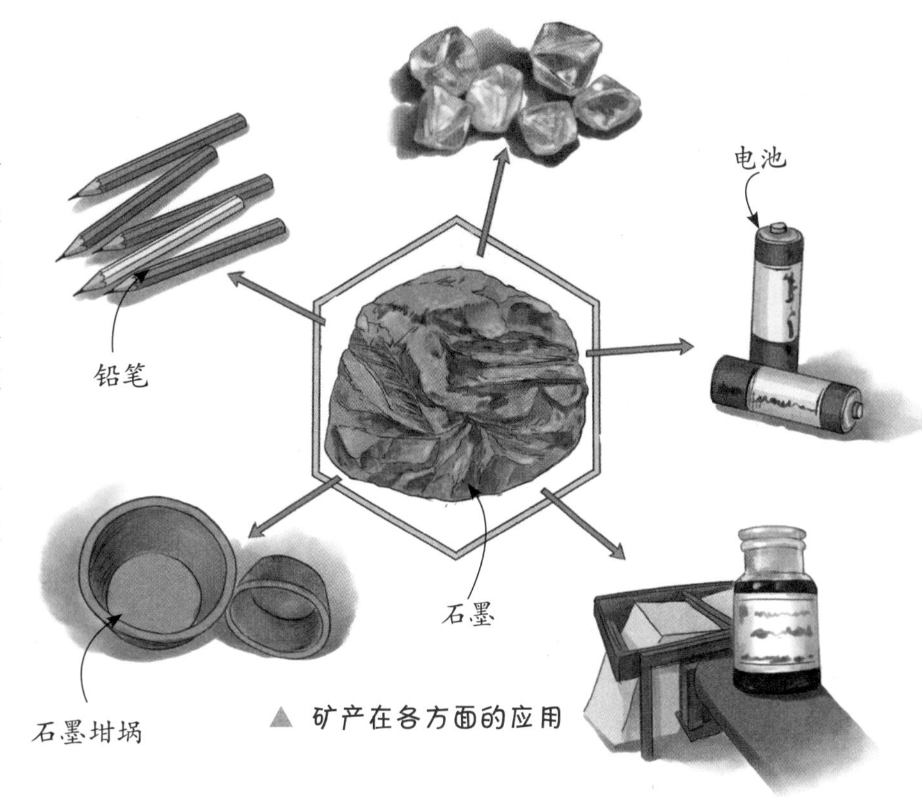

▲ 矿产在各方面的应用

保护环境

生产力的发展带动科技飞速进步，在此基础之上，人类对地球资源的开发程度一直在逐步加深。随着时间的推移，资源过度开发、环境污染等问题愈发严重。此时，如何运用地质学知识、技术，做到合理利用资源，保护脆弱的环境已经成为地质学新的发展命题。近年来，随着人们环保意识的增强，越来越多的新技术开始被应用到各个地质研究领域。

古代气象

“谁能告诉我明天的天气怎么样？”“可以看一下天气预报，它会告诉你的。”像上面这样的对话我们或许并不感到陌生。的确，在现代社会，天气预报是了解未来天气的有效渠道。不过，在科技不发达的古代，你知道人们是怎样“预知”天气的吗？

▼ 古巴比伦观星者

神秘的占卜与气象

也许在现代人看来，雷、电、雨、雾等天气变化，是再正常不过的自然现象。但在古代，由于人们对世界的认知还很片面，所以有关气象的预测并不完全科学，其中会掺杂超自然的因素，比如占卜。曾经，古代的巴比伦人会利用占星术，根据天空中云的形态，来推算未来天气。无独有偶，几千年前的中国商代，人们在对气候现象进行记录的同时，也据此用龟甲和兽骨进行占卜，甚至还会将实际天气与占卜结果记录下来进行比较。

别小瞧祖先们的经验

“燕子低飞要下雨”“一场秋雨一场寒”“朝霞不出门，晚霞行千里”……这些和气象密切相关的谚语，相信很多人都听过。它们实际上是我国一代又一代劳动人民的经验积累，是先民们通过不断观察自然界万事万物与气象的联系，总结出了一定规律，并将其编成一条条朗朗上口的谚语，流传至今，为后辈们“指点迷津”。但值得注意的是，一些气象谚语经过现代科学的检验，并不完全可靠。

▼ 古人的经验

古人会依据大自然中的现象，预测天气。

亚里士多德的气象科学

之前，人们虽然对天气变化有了一定的认知，但并没有建立起系统的科学体系。直到公元前 4 世纪，“百科全书式的学者”亚里士多德编著了《气象学》，把前人和气象有关的学术思想、生活经验进行了汇总，并在此之上提出了自己的见解，成功建立起古代气象学。

古人“观”气象

今人有天气预报，古人也有着各种预测天气的工具。像测算风力、风向的相风铜乌、候风鸡；称算雨量的圆罂、测雨台；根据阳光照射阴影长短推算时间的日晷等。

▼ 古人的观测工具

相风铜乌能够在风中旋转。

日晷是利用日影测算时刻的一种计时仪器。

测雨台

测雨台

气象大探索

在亚里士多德建立系统的气象科学以后，这门科学经历了一段相当漫长的探索期。这个阶段的人们对于气象变化的研究，还停留在很原始的水平，与现在比起来简直是天差地别。那么，在这期间究竟发生了哪些“大事”，让气象学脱胎换骨呢？

被“量”出来的天气

16 世纪末，意大利科学家伽利略受热胀冷缩原理的启发，设计了一种一端有开口，另一端为空心球状的特殊玻璃管，然后把水注入其中，倒置在一件盛水的容器里。当伽利略把玻璃球一端加热，发现内部的空气受热膨胀后，会导致液面下降，而这就是温度计的雏形。后来，人们在这种简单的温度计基础上，发明了更准确的液体温度计，并在其表面加上了刻度。至此，气象学彻底和原来只对天气进行简单描述的简略做法告别，进入了“量化”天气的时代。

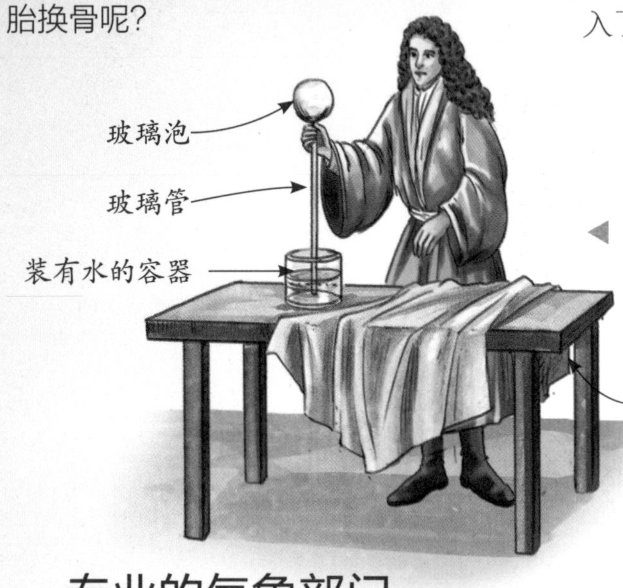

伽利略发明空气温度计

空气温度计是根据热胀冷缩原理发明的。

专业的气象部门

自然天气变幻莫测，想掌握气象规律并不是件容易的事，这时候就需要一个专业监测气象的部门。事实上，我国古代就有这样的机构和官职，比如钦天监。不过，受限于时代，古代的气象部门总会掺杂一些非科学的因素。而在气象学进入“量化”时代以后，人们意识到建设专业机构的重要性，于是现代化的气象观测站就出现了。

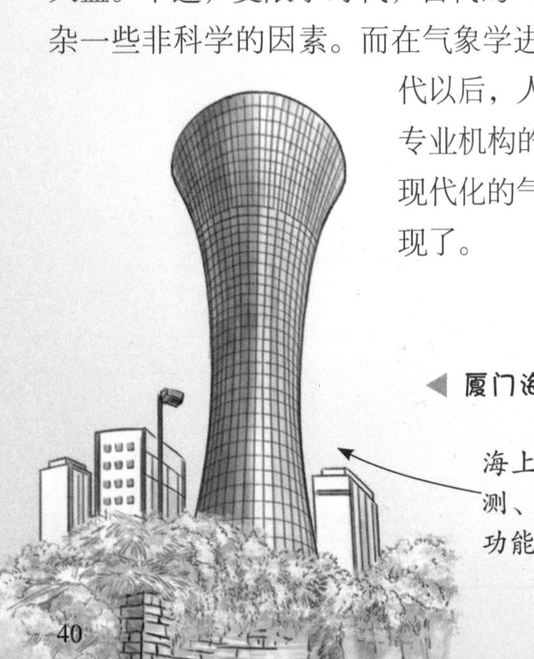

厦门海上明珠塔

海上明珠塔集气象灾害监测、科普教育、旅游观光功能于一体。

神奇的天气图

1820 年，气象学历史上发生了一件大事：德国人布兰德斯搜集了大量资料，把某年同一时刻各地气压与风的观测记录都标在了地图上，绘制了世界上第一张天气图，正式揭开了人类以科学手段来预测天气的序幕。而随着科学技术的进步，无线电通信技术的出现，让实时标记各地同时间的气象观测记录成为现实，依此绘制完成的天气图，更是让"天气预报"的准确性大大提升。

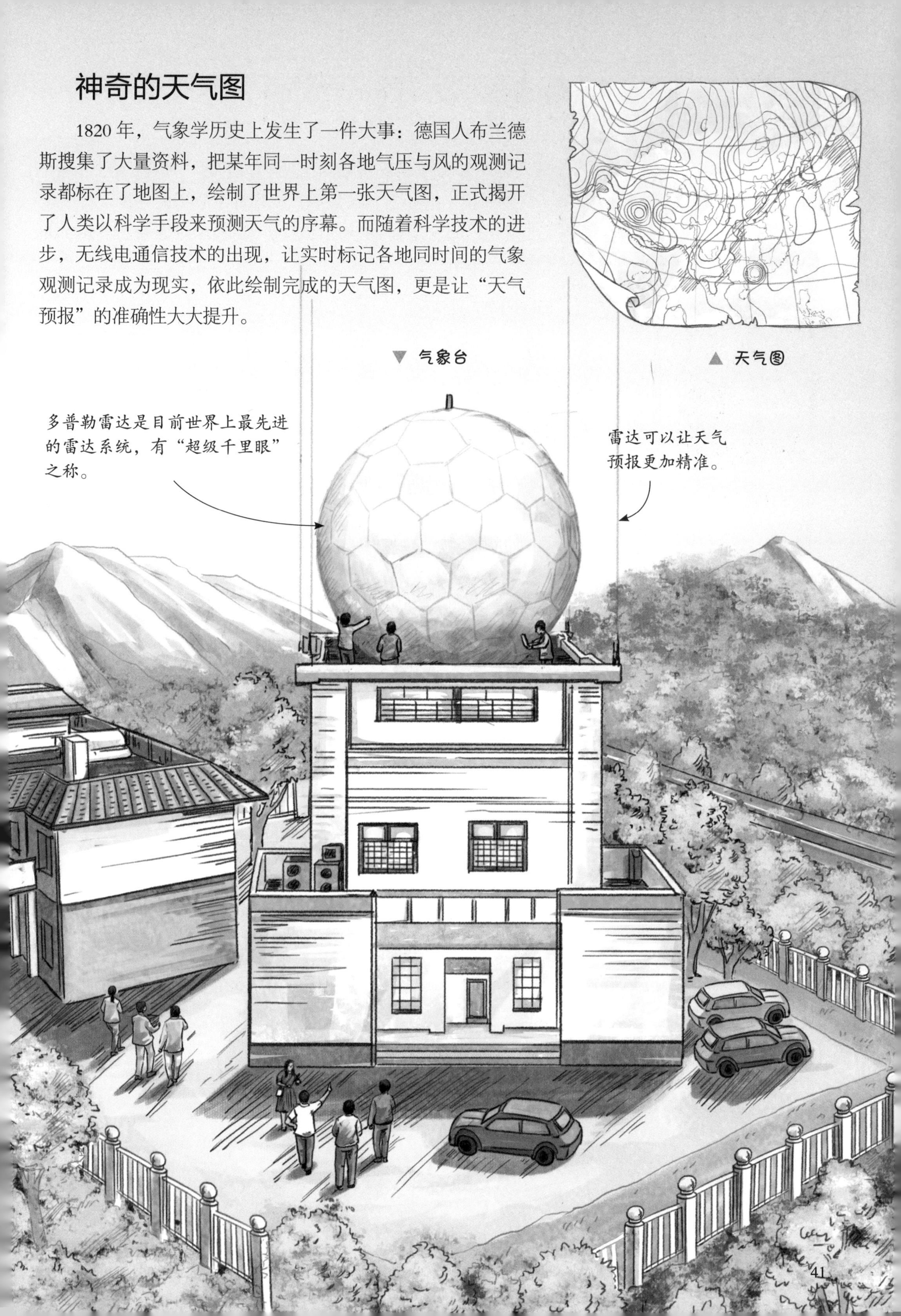

约翰·道尔顿

▲ 约翰·道尔顿

如果你纵观气象学的发展历史，那么约翰·道尔顿绝对是一个绕不开的名字。要知道，这位著名的物理学家和化学家，在气象科学方面也颇有成就。他身体力行，用诸多气象学成果把气象学彻底“打造”成了一门严肃的科学。

早期气象研究

18 世纪以前，人们对于气象的研究还停留在比较原始的阶段，人们一般会用神话传说等来解释日常的天气状况。后来，虽然出现了一些气象爱好者，但他们对依旧对气象缺乏科学认识，也没有一套比较系统、科学的研究方法。所以，在很长一段时间内，关于气象的研究几乎处在停滞期，没什么大的进步。

◀ 海神波塞冬

记录气象

早期的气象学还比较冷门，很少有人愿意研究它。可是，道尔顿从 1787 年开始，就养成了每日定时观测气象、记录气象日志的习惯。不可思议的是，这个习惯居然被他保持了足足 57 年，从未间断过。不仅如此，道尔顿还曾试图理解和解释他所观察到的天气变化，这比当时的很多气象观察者都要更进一步。

小百科

《气象观测论文集》之中蕴含着原子论思想的“雏形”，正是这方面的成就使道尔顿成了化学领域的大人物。

《气象观测论文集》

1793年，道尔顿在进行了多年的气象观测之后，出版了他人生中的第一部科学著作——《气象观测论文集》。在这部著作中，他不但向人们展示了有关气压、风速等气象记录，还试图以大气中气体不同变化来探讨、解释一些天气现象。《气象观测论文集》对气象学的发展具有重要的启蒙意义，道尔顿也因此在科学界名声大振。

▼ 道尔顿记录气象变化

其他气象学成就

接着，道尔顿还在大气组成等方面进行了细致研究。他推测，水在蒸发之后会变成一种独立的气体留存在空气中。水变成气体之后，气态和液态为什么会占据相同的空间？在成功攻克这个难题之后，道尔顿在化学领域的原子量方面实现了重大突破。

全面发展的气象学

20 世纪 50 年代以后，科技水平提高了一大截。人类充分发挥聪明才智发明了一系列的新技术，用以观测天气、进行气象研究。气象学在这种强大推力下，自然而然地进入了高速发展期。一次又一次的气象学革命正在悄然上演。

▲ 激光气象雷达

激光气象雷达

激光气象雷达有多牛？它身上有一个神秘的激光器，可以发射特别的光脉冲。光脉冲进入大气之后，会与大气中的各种成分发生作用，制造出散射信号。激光气象雷达上的接收系统捕捉到散射信号后，就可以帮助我们得到各种有价值的气象信息，如云层含水量、云顶高度、能见度以及风速等。

人造卫星

人造卫星是气象观测中必不可少的一项科技手段。与传统的观测手段相比，气象卫星具有观测范围广、信息传递及时等优势。通常，它们的身上会携带着各种先进的“遥感装备”，用以感知天气变化、观测某些区域天气系统。通常，我们通过分析人造卫星所传送的“云图”，就能进行天气预测了。

▼ 气象卫星

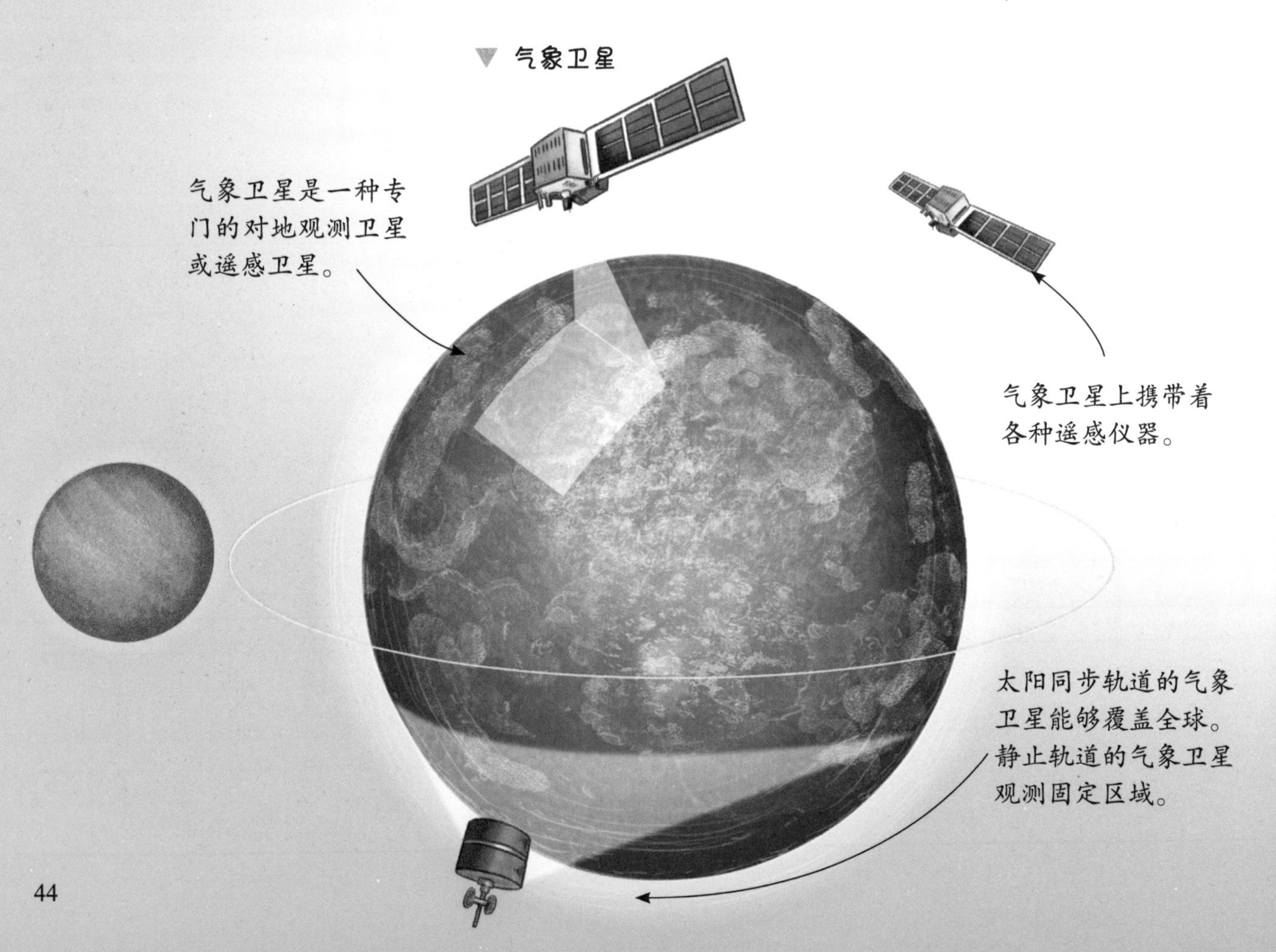

气象飞机

为了进行气象研究，人们发明了气象飞机。这种飞机的工作内容可不是运输旅客那么简单，它身上安装着机载雷达、红外辐射仪、探空仪等多种先进设备，不仅可以探测云、雨、风，测定云体、大气的压力和湿度、温度，还能拍摄某一地区的天气实况。最了不起的是，它还能穿越台风眼。

计算机

大约从 20 世纪 40 年代开始，人类就运用计算机来计算、观测天气。时至今日，它仍然在气象领域“发光发热”。不过不同的是，现在的超级计算机功能十分强大，可以处理、分析来自多方面的数十亿项的观测数据，从而为我们预测天气、进行气象研究提供依据。

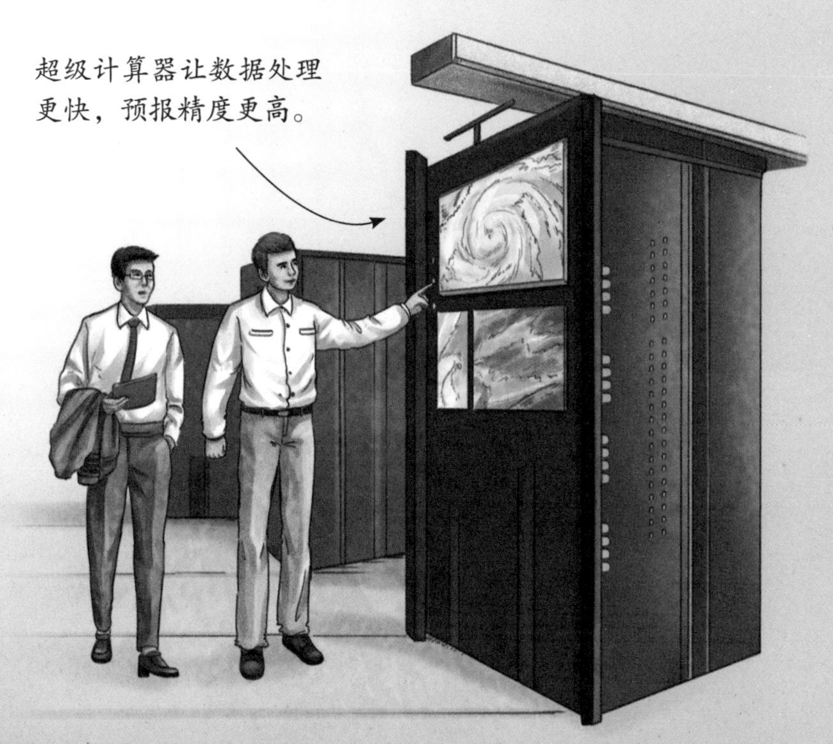

探空气球

气球也能执行气象观测任务？那当然！探空气球是非常重要的气象探测工具。当它们从地面升向高空时，身上携带的传感器便会把大气中的湿度、温度、风向、风力等信息尽数“收入囊中”。有了这些信息，我们就可以进行气象研究。不过，我国不允许私人制造探空气球，这主要是出于安全的考虑，私放探空气球存在很多隐患。

▲ 探空气球的准备

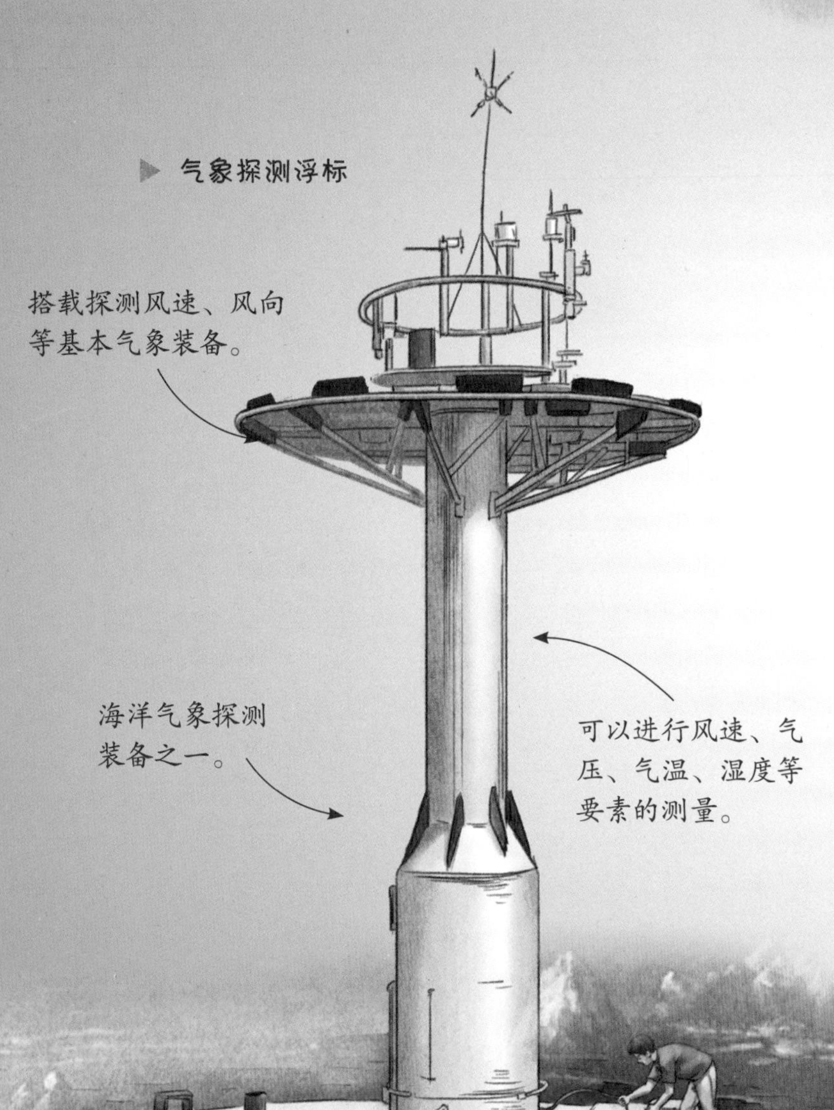

▶ 气象探测浮标

气象浮标

在无垠的大海上，我们有时会发现气象浮标的身影。它们就像一个个忠诚的卫士，“驻扎”在惊涛骇浪之中。这些气象浮标虽然表面看起来平淡无奇，可是内部却大有乾坤。它们的身上安装着气象观测装备和海洋观测设备，可以为我们提供风向、风速等信息，还能帮助我们观测海浪、海流、海水盐度。

自动气象站

随着科技的发展，气象观测方式也变得多种多样。现如今，人们研制出了一种省时省力的“自动气象站”。它24小时待命，全天在职，能对雨量等十几种指标进行自动监测，并生成气象数据信息，将其传送到中心气象站。这在很大程度上弥补了一些地区气象探测的空白，使气象数据变得更完备。

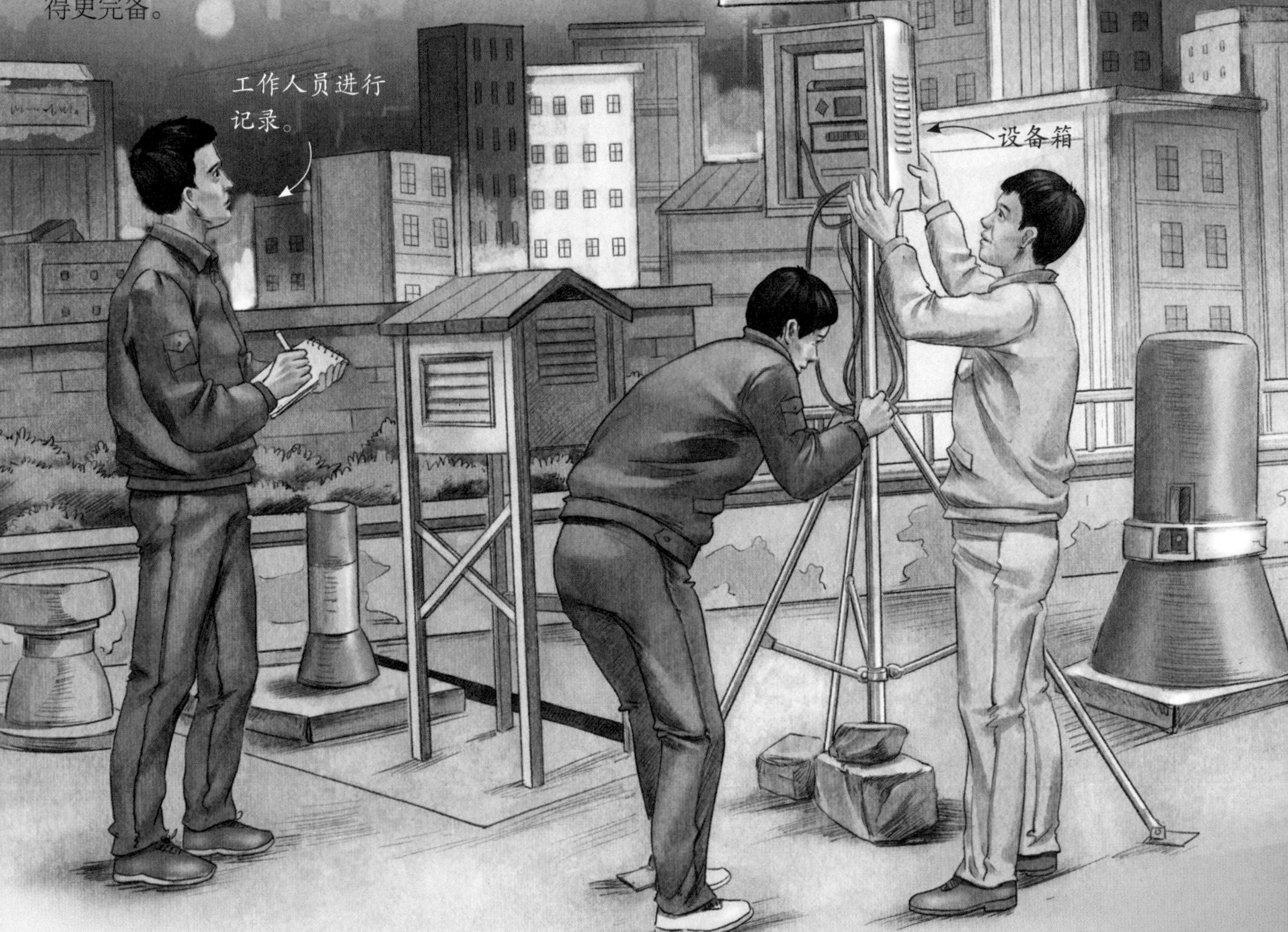

▲ 工作人员架设便携式自动气象站

气象观测船

除了气象浮标，人们常用的海洋气象观测工具还有气象观测船。气象观测船就像一个可移动的气象台，配备着各种精密先进的仪器。它会把在某一海域观测到的气象实况数据，同步传送到气象站。这样，气象专家们就可以依据这些科学的数据发布气象预报了。

小百科

雷电观测也是气象观测的重要组成部分。为了预防、减少雷电可能引起的灾害，我国在多地都设置了相应的雷电感知器。

地球科学新世纪

地球科学从人类诞生之初开始，走过了蒙昧原始，走过了古老封建，走过了宗教神权，走过了近代革命。当它跌跌撞撞地来到了 21 世纪，前方等待它的又会是怎样的风景呢?

▲ 地球上的海洋与陆地

演变的地球

地球环境从一开始就不是一成不变的，它在不断变化。这也意味着，作为一门研究地球的学问，地球科学也要学会“推陈出新”，让其与不断变化的地球共同发展。与此同时，我们也要意识到一点，人类钻研地球科学的目的，除了掌握漫长地质时期中地球的演化历史和规律外，更要学会如何科学地管理、保护以及利用地球资源。

地球科学发展史

严格来讲，18 世纪是地球科学被人们归纳总结并形成系统学问的时期。在此之后的一个世纪的时间里，地球科学稳步发展，人们把这段时期称为经典（古典）地球科学发展的阶段。进入 20 世纪以后，世界历史翻开新的一页，地球科学也来到了“现代社会”。这个时期的地球科学研究与 20 世纪相比，不仅更加庞杂，内容也更翔实准确。转眼来到了 21 世纪，在科学技术飞跃式进步的当代，高技术地球科学应运而生。至于之后的发展，就让我们拭目以待吧！

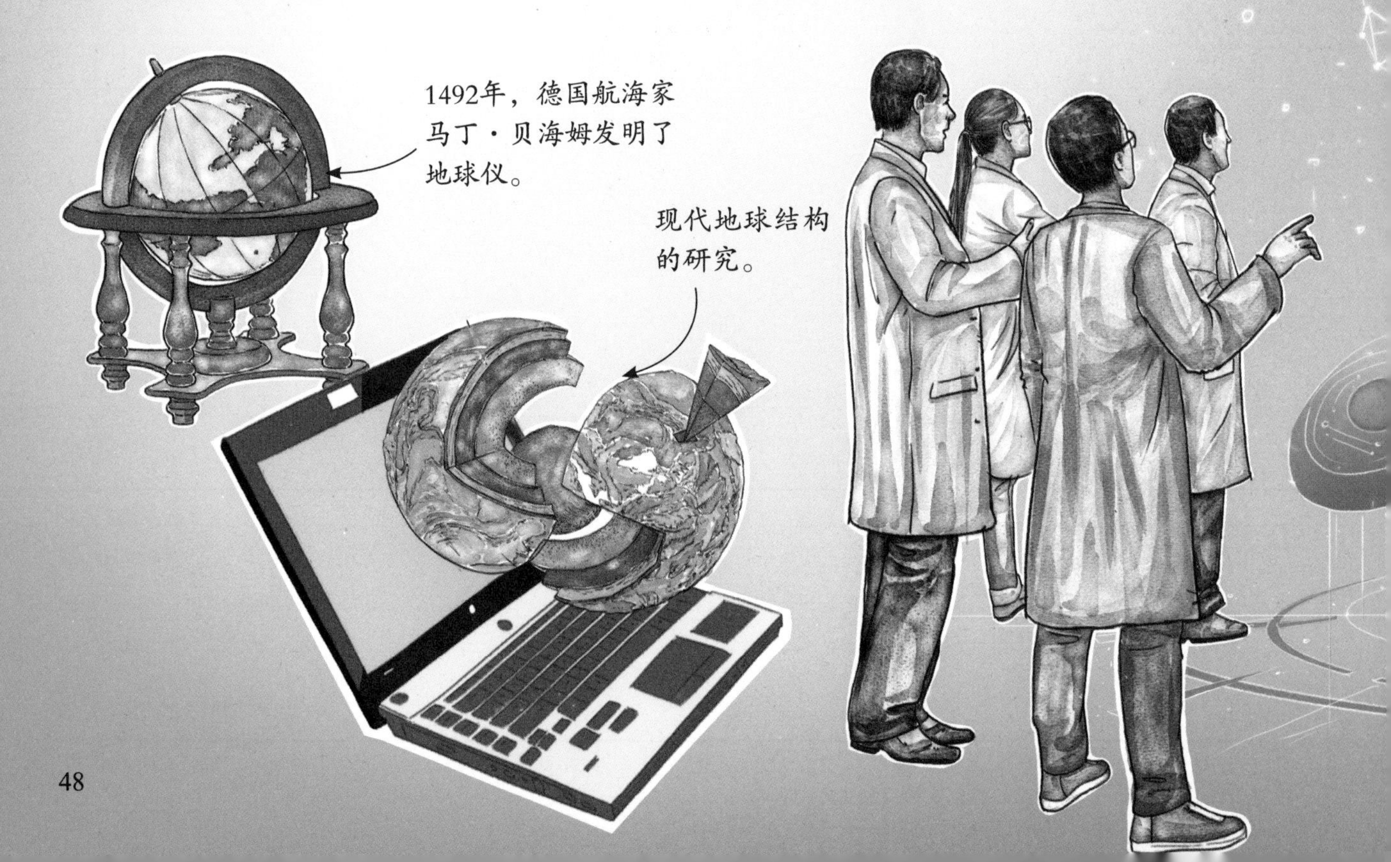

研究方向的变化

随着人们对脚下这颗蓝色星球的认知越来越丰富，地球科学的研究方向也在不断变化。19 世纪到 20 世纪 50 年代，人们研究的目标是地球的大陆地质，尤其是造山构造带的地质；20 世纪 50 年代以后，人们把目光从陆地转移到了海洋，开始对板块构造加以研究。等人们重新把研究方向转回陆地时，时间已经到了 20 世纪 80 年代。如今，已然是 21 世纪，地球科学的研究方向将不再局限于某一点，而是从空间和时间两个领域齐头并进，共同深入拓展。

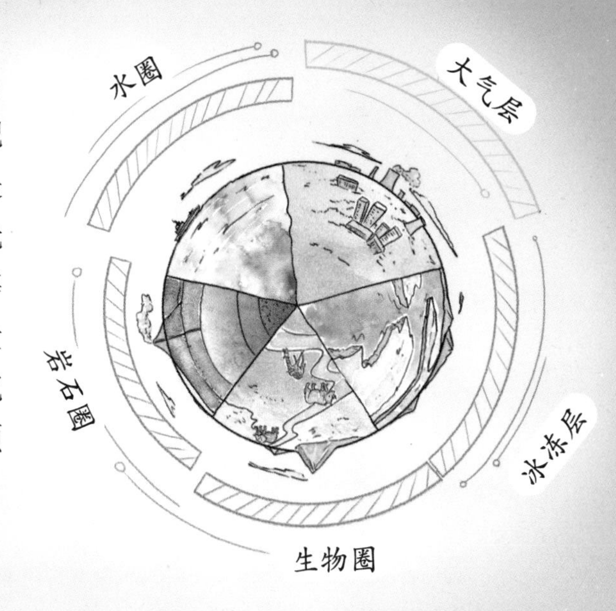

▲ 人们对地球科学的研究

意义重大

在 21 世纪，无论地球科学的发展趋势是什么，势必都会对推动人类文明的前进，保护地球环境，保障人类的生存空间可持续发展有着重要的意义。

物理学（上）

物理描述着世界万物自然运行的规律，它所发现的基本规律，在地球生命现象中，也起着重要作用。物理从古代文明中萌芽，到 17 世纪至 18 世纪形成体系。

物理学的起源

物理学的起源大概要从人类萌生原始思维开始说起。当人类不再为温饱而奔波，在好奇心和求知欲的驱使下，也就有了对事物的原始认知。随着生产、生活的与时俱进，人们开始有意识地观察研究和探索，而这时，物理与人们的关系才真正紧密起来。物理作为一项专门研究物质运动规律和基本结构的自然学科，大到宇宙，小到基本粒子都可以是它的研究对象。

人类历史上的伟大奇迹

古埃及文明于公元前 3000 年开始逐渐发展起来。这期间，人类创造了震惊世界的“金字塔”。有人说建造金字塔运用了物理学中的“杠杆原理”，但要知道这个杠杆原理是在阿基米德的《论平面图形的平衡》之后才后被人所熟知的。在此之前，人类可能就已经发现了这个物理知识。

大自然的馈赠——火

物理学是自然科学的重要组成部分，早期的欧洲人将物理学称为“自然哲学”，世界上的万事万物都与物理有着千丝万缕的联系。就比如 170 万年前，茹毛饮血的原始人突然发现的“火”，就值得人类好好地研究一番。或许是某个电闪雷鸣的夜晚，抑或是因为某种地质灾害，原始人被这个会发光发热的东西给吸引了。他们发现，被火烤过的食物更加美味可口，埋伏在原始森林里的凶猛野兽，似乎也对它忌惮三分。于是人类意识到把火种保留下来的重要性，再后来，人类就有意识地运用现有工具，比如用木头、石头摩擦来产生火。这个过程在如今看来就是早期的物理学。

▼ 原始人使用火

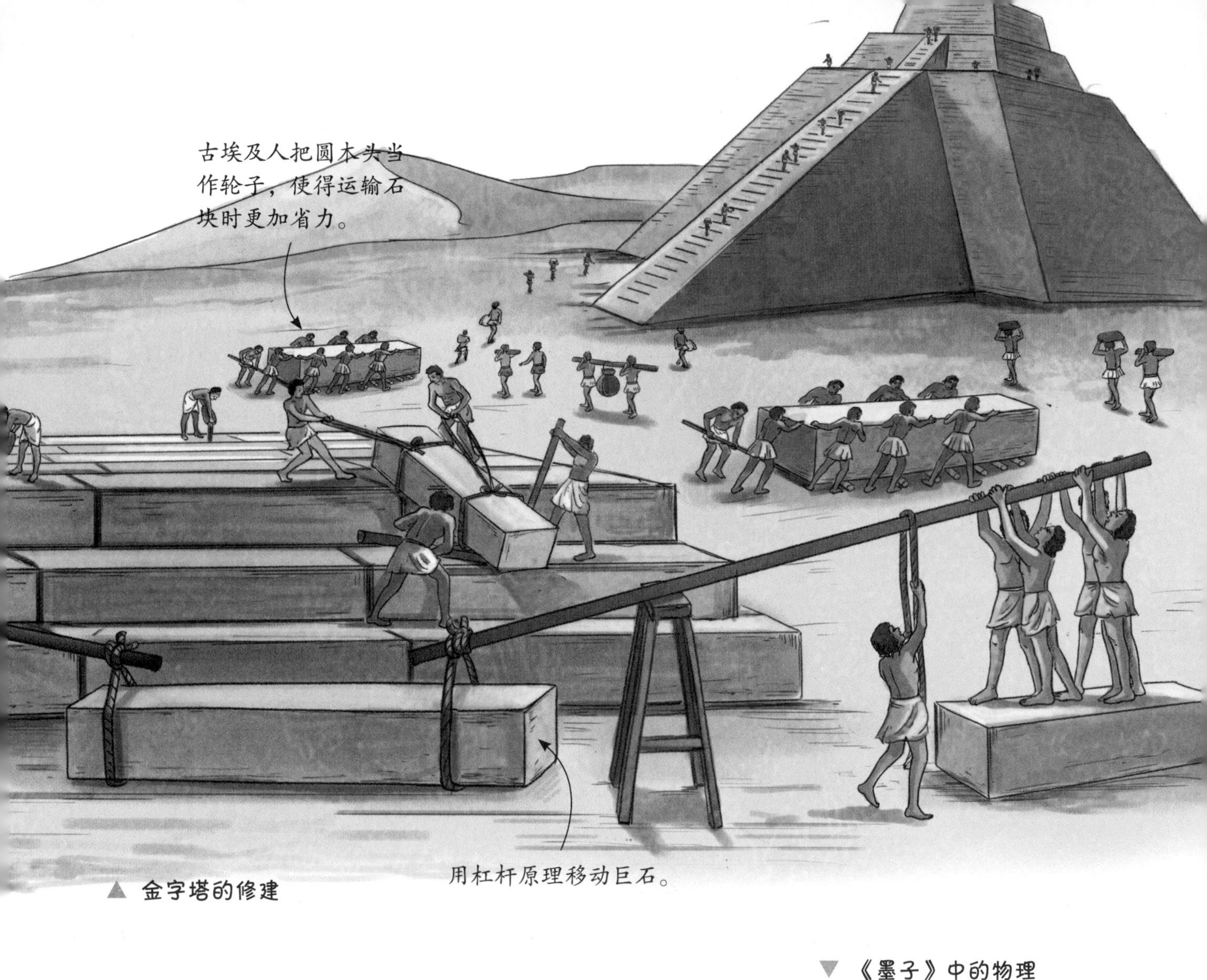

▲ 金字塔的修建

中国物理的雏形

当西方的蒙昧逐渐被层出不穷的学者打破之时，在遥远的东方国度，也出现了许多的智者学说。自春秋战国时起，我们伟大的思想先驱们就提出了很多理论。道家的经典语录“道生一 ，一生二，二生三，三生万物。万物负阴而抱阳，冲气以为和”“人法地，地法天，天法道，道法自然。”承认了事物背后的自然规律，而不是神人操纵的事实。除了道家学说，《墨子》中也提到了一些简单的物理知识。这说明，中国人在很早以前就有意识或者无意识地积累了丰富的物理知识并熟练地运用在日常生活中了。

▼ 《墨子》中的物理

春秋战国时期的墨子提出了小孔成像。

老子的《道德经》中就涉及物理原理。

早期元素和原子论

世界是由什么东西构成的呢？这个关于世界本源的问题最早是由古希腊米利都学派的哲学家泰勒斯提出来的。经过一些哲学家的论证，有了世界是由几种元素构成的说法。既然元素构成了世界，那元素又是怎么产生的呢？这便有了原子论的说法。

米利都学派

泰勒斯是西方公认的最早的哲学家。他和两个学生阿那克西曼德、阿那克西美尼一起组成了米利都学派，这标志着人类开始从理性思维出发，通过观察事物得出结论，推翻了凡事依靠神话解释的时代。

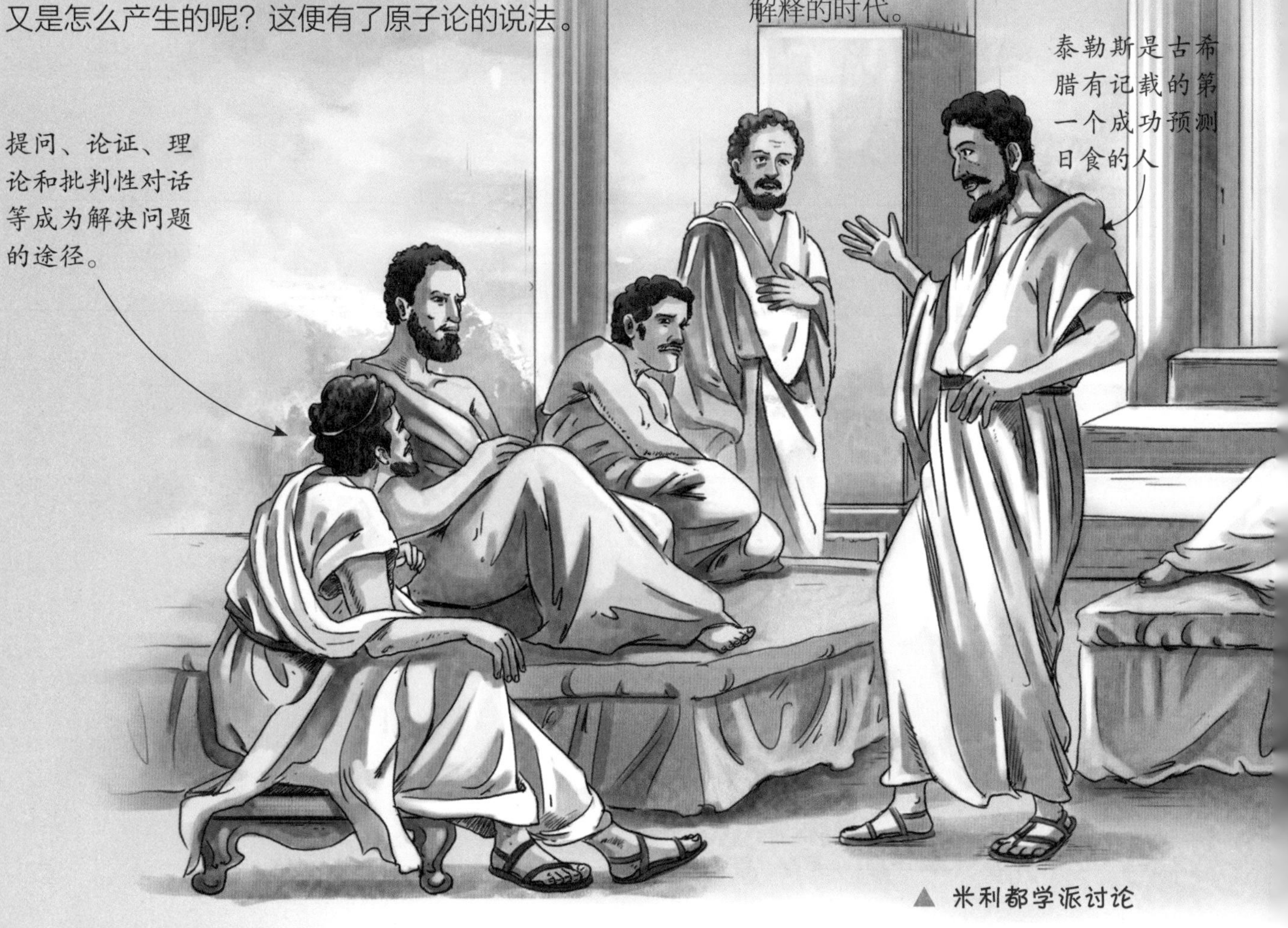

▲ 米利都学派讨论

四元素说是怎么来的

早在古埃及和古巴比伦文明时期，就已经有了世界万物由土、气、水 3 种元素组成的说法。而泰勒斯则认为，土和气都只是水的另一种形态，算不上独立的元素。后来，一个名叫恩培多克勒的哲学家提出了早期的四元素说，就是在土、气和水的基础上又加上了火这个元素。后来亚里士多德在承认恩培多克勒四元素说的基础上，又加了一种名为“以太”的虚拟元素。

▼ 四元素说

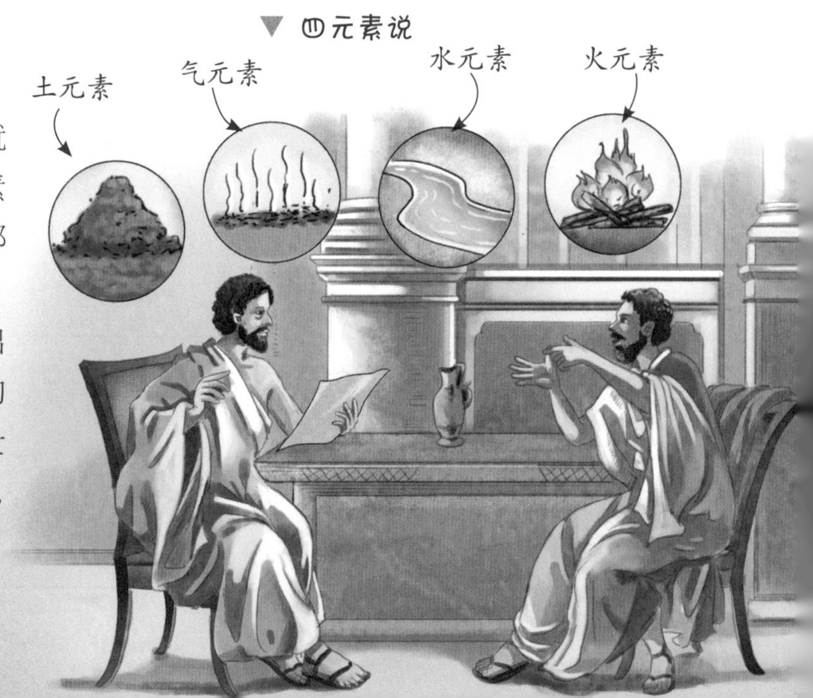

古希腊唯物主义哲学家，原子唯物论学说的创始人之一。

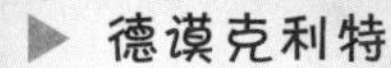

德谟克利特

元素是由什么构成的

随着人类眼界的开阔，认知的提升，世界由单纯元素构成的说法，越来越站不住脚。后来，越来越多的学者、专家们发现了更多的元素。有些学者开始往更深入的层面挖掘。既然物质是由元素构成的，那么一定会有不能再被分解的东西组成了元素。哲学家德谟克利特认为，原子和虚空构成了现有的物质，所以德谟克利特也被一些人称为“原子论之父”。

元素和正多面体的联系

柏拉图作为伟大哲学家苏格拉底的学生，他对科学的发展也起到了不小的推动作用。“元素”这个词就是柏拉图提出来的，柏拉图在发现 4 种正多面体时，将它们与四元素对应。直到柏拉图的学生亚里士多德时代，第 5 种正十二面体才被发现。亚里士多德心想，老师说一个正多面体对应一个元素，这第 5 种正多面体该对应什么元素呢？于是“以太”这个精神与永恒元素就应运而生了。直到 20 世纪，人们才通过实验证实了“以太”其实并不存在。

柏拉图和亚里士多德

物理学大师——阿基米德

大约公元前 287 年，阿基米德出生于西西里岛的叙拉古，受父亲的影响，他在力学、数学等方面都有很高的造诣。阿基米德在叙拉古做国王顾问的时候，他运用物理知识制作了很多有力的机械，重创了罗马军队。

洗澡也能长知识

众所周知，阿基米德原理的产生，是源自叙拉古国王希罗王的一次求助。据说，希罗王找到一位金匠打造了一顶金王冠，但是有人告诉国王，金匠为了私吞金子，在王冠里掺了相同重量的银子。希伦王便找来阿基米德求证。阿基米德针对国王的问题在家冥思苦想，闭门谢客，他刚好在洗澡的时候，通过澡盆溢出的水，得到了启发，并以此为国王解决了王冠掺假的大问题。

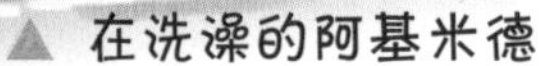
▲ 在洗澡的阿基米德

▼ 阿基米德的浮力原理

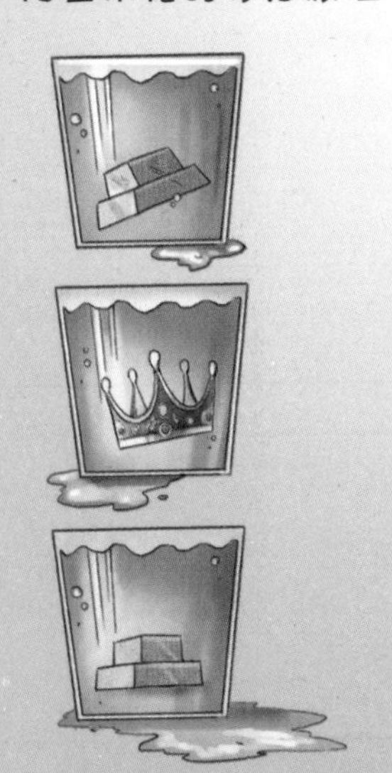

王冠的金银之谜

阿基米德来到王宫，找到了与王冠重量相同的金块、银块，然后分别放在水里。因为相同重量的金块比银块体积小，所以放入水中所溢出的水量也相对会比较少。而掺了银子的金王冠溢出的水量介于金块与银块溢出的水量之间，所以答案也就十分明了了。之后，阿基米德在《论浮体》一书中对此做了科学的阐述，并总结了闻名于世的“阿基米德原理”。

想要撬动地球的“力学之父”

阿基米德将他的一生都贡献给了科学，他一直探索、总结知识理论，并在现实中加以实践。他发现了著名的杠杆原理，并留下了一句豪言壮语：“假如给我一个支点，我就能推动地球。”他曾利用杠杆原理，设计出了杠杆滑轮系统。

▲ 阿基米德与杠杆原理

以一人之力破千军万马

据说，罗马军队想要攻占叙拉古时，阿基米德就依靠被他表述为“等量的平衡，其距离与重力成反比”的杠杆原理制造了拏炮、投掷器和起重器，重创了罗马军队。这甚至一度被人称为“罗马军队与阿基米德一个人的战斗”。公元前 212 年，叙拉古城失陷，正在聚精会神研究科学问题的阿基米德不幸被罗马士兵杀害。

▼ 阿基米德指挥战争

力学实践者——伽利略

伽利略除了在天文学方面有着卓越的成就之外，他还是历史上最早定量研究动力学的人。在物理学发展的历史上，人们一度对亚里士多德关于“重物比轻物下落速度快”这一说法深信不疑。直到 1604 年，伽利略通过自由落体实验，才纠正了亚里士多德的错误说法。

▲ 伽利略正在进行斜面实验

实践出真知

伽利略在物理学方面的很多理论都是通过反复实验得出来的，不得不承认，他是一位非常严谨的物理学家。伽利略的斜面实验，是一次实践操作与科学推理的巧妙结合。他制作了一个木板，并以一定的角度倾斜固定，让铜球从木板的顶端滑落。他通过多次实验，得出铜球的运动路程和时间的平方成比例的规律，即在两倍的时间里，铜球滚动 4 倍的距离。

▼ 伽利略

经典力学的先驱

伽利略曾经非正式地提出了惯性定律和物体在外力作用下的运动规律，还提出了运动相对性原理。这为后来牛顿正式提出运动第一、第二定律奠定了基础。所以，伽利略是经典力学建立的先驱。

秋叶飘零，不忘初心

在普通人眼里，一盏吊灯的摆动只是一件微不足道的小事，伽利略却从中发现了改变人类历史的规律。据说他少年时，曾经在教堂发现吊灯摆动等时性的规律。后来他通过长期研究，得到了物体单摆周期与摆幅长度平方根的比例关系。虽然在 1641 年，他已经失明，但还是让儿子根据他的描述绘制了钟摆的设计图，使后来摆钟的发明有据可依。

▲ 伽利略观察吊灯摆动

《关于两门新科学的对话》

伟大科学家的成功是因为他们具有百折不挠的坚韧意志。比如伽利略晚年虽然被监禁，但依然将自己在力学方面的研究通过谈话的形式写成了一本名为《关于两门新科学的对话》的著作。书中将他数十年的实验研究和理论成果做了系统全面的描述，包括自由落体定律、惯性定律、单摆等时性定律、抛物体的运动合成法则及其轨道问题等。

牛顿的经典力学

为了纪念著名的英国物理学家艾萨克·牛顿，国际单位制中力的导出单位就以他的名字命名，简称“牛”。牛顿对于整个物理学的发展起到了划时代的作用。直到现在，他在物理学中的地位仍然不可撼动。

经典力学

牛顿所处的时代是一个知识大爆炸的时代，许许多多的前辈们通过实践或科学推理提出了许多并不十分系统的物理学理论。而牛顿将它们组成一个完整的体系，牛顿的《自然哲学的数学原理》细致地解释了惯性、质量、向心力等词汇的含义以及物体运动的定理和规律。这一著作的面世，标志着经典力学体系的建立。

牛顿三大定律

牛顿三大定律对于物理学乃至科学界来说是一个伟大的成就，是人类在物理学领域取得巨大进步的体现。

牛顿第一定律即惯性定律，即任何一个处于匀速运动状态的物体在不受外力作用时，总是保持该运动状态。举个简单的例子，如果让一个球在一个无限延伸的光滑平面上滚动，在没有外力阻碍的情况下，它就会一直运动下去。

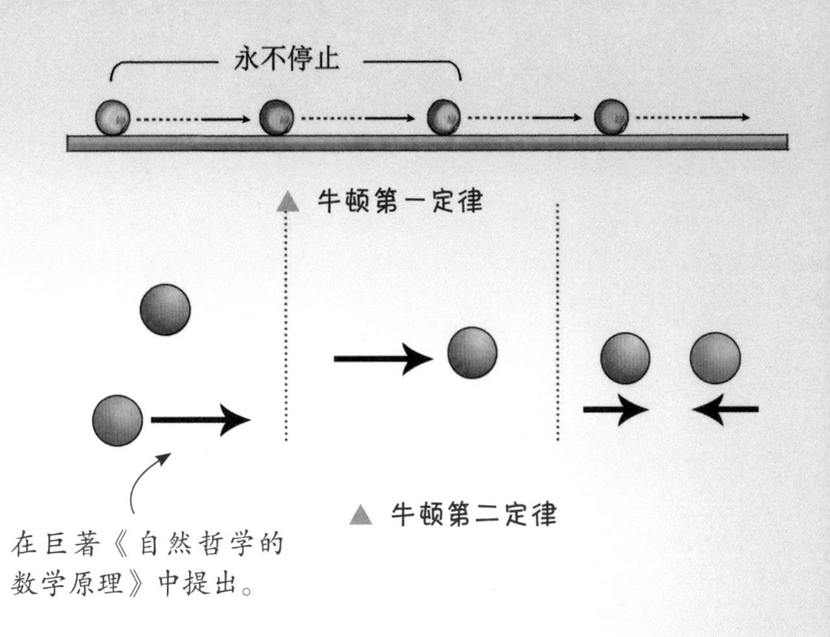

▲ 牛顿第一定律

▲ 牛顿第二定律

牛顿第二定律也被称为加速度定律，即物体在受到外力作用时会产生加速度，加速度的方向和外力方向一致，加速度的大小与外力的大小成正比，与物体的质量成反比。用公式可以这样表达：某物体的质量为 m，其加速度为 a，那么其作用力 F=ma。

▼ 划船体现了牛顿第三定律

牛顿第三定律，可以理解为作用和反作用定律。存在于两个物体间的作用力和反作用力，位于同一条直线上，两个力大小相等，方向相反。比如划船，我们用船桨将水流推向相反的方向，而水产生反作用力将船向前推动。

电与磁的早期研究

在物理学中，电和磁是两个联系紧密的好兄弟。早在人类的早期文明中，就已经对“电”有了记载。不过随着社会的进步，人们开始对“电”有了更深的了解。我国是人类历史上较早开始研究磁的国家。电与磁的早期研究，是人类对物理学奥秘的探索的开端。

▲ 自然界的闪电

▼ 沈括

沈括被誉为“中国整部科学史中最卓越的人物”。

沈括指出地磁场存在磁偏角。

电与磁被发现的秘密

殷商时期的甲骨文以及西周时期的青铜器上都有关于“雷”“电”的记载，这说明在众多记载电磁现象的国家中，我国算是较早的先行者之一。古希腊人曾发现过一种可以通过摩擦吸引细小物体的物质。当人类发现这些有趣的东西时，便一直寻找各种途径来解释这些现象产生的原因。这也就有了人类对电和磁的早期研究。

沈括——走在西方之前的中国物理巨人

沈括在数学、物理乃至自然音律方面都十分精通。他的著作《梦溪笔谈》不仅是我国科学发展史上的巨著，在世界上也是享有盛名。《梦溪笔谈》中最早记载了人工磁化的简便方法，即“以磁石磨针锋”。同时，沈括也是第一位指出地磁场存在磁偏角的人。除此之外，在光学上，沈括曾经制作过凹面镜成像实验，解释了凹面镜照物成像以及向日取火的详细原理。

指南针的进化史

指南针是我们闻名世界的古代四大发明之一。战国时期《韩非子》一书中“故先王立司南以端朝夕”是对指南针最早的记载（早期的指南针被叫作“司南”）。由此说明，古时人们已经学会利用磁力辨别方向。北宋初期，古人运用自己的聪明才智发明了一种“指南鱼”，即一种鱼形的指向仪器。后来，沈括在《梦溪笔谈》中记载的磁性指向仪器，使指南针的形象更实物化。再后来，带有磁针和方位盘的指南针的发明，不仅大大提升了人类的航海能力，也促进了地磁学的发展。

▼ 指南鱼

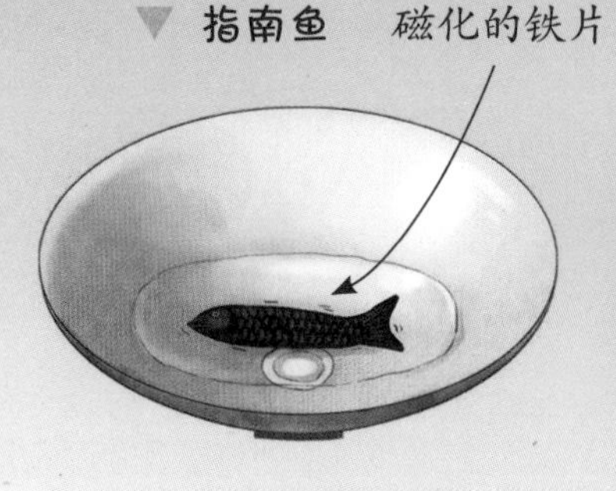

▼ 指南针

《磁石论》

人类对电与磁现象的系统研究始于 W·吉尔伯特《磁石论》的出版。吉伯这位“医学界的物理学家”，通过一个“小地球实验”，得出了地球本身就是一个磁体的震惊性结论。他在著作中，系统地分析了电与磁之间密不可分的关系。总而言之，他的《磁石论》开创了磁学成为物理学一个重要分支的新局面。

▼ 吉尔伯特向伊丽莎白女王展示磁性实验

在漫长的物理学发展历史中，曾出现过很多具有里程碑意义的物理实验。这些实验不仅向我们展示出极其丰富的物理思想，更彰显了一代又一代物理学家追求真知的探索精神。扭秤实验作为其中的典型代表，无疑为电学乃至物理学领域的进步和发展起到了巨大的推动作用。

▼ 查利·奥古斯丁·库仑

电荷的单位库仑就是以他的名字命名的。

库仑是最早研究电现象的科学家之一。

库仑扭秤

测量微小作用力

经过一些“物理大神”的不懈努力，物理学渐渐发展起来，取得了不少成就。但因为前期技术以及其他因素限制，人们当时还无法感知到相对微弱的物理作用力。后来，聪明的物理学家想到了一个绝妙的方法，用悬丝制作出了灵敏度很高的测力神器——悬丝扭秤（又称库仑扭秤）。

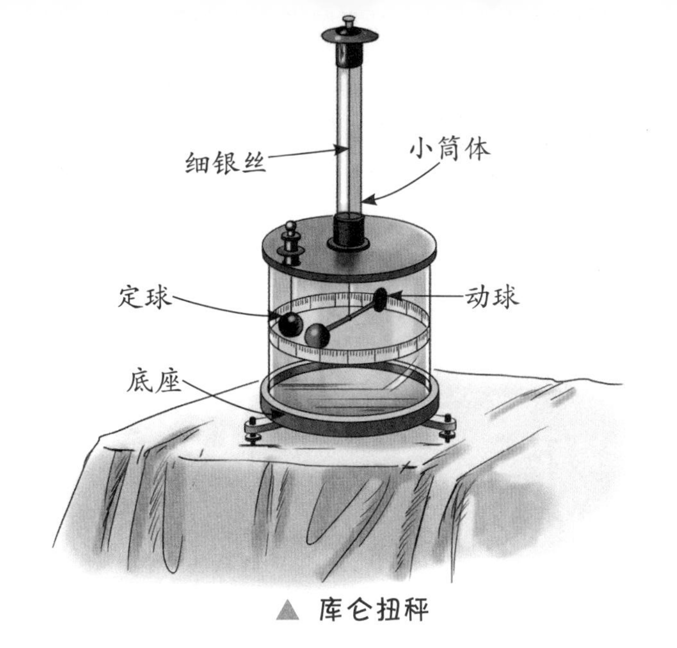

▲ 库仑扭秤

库仑扭秤实验

悬丝扭秤最著名的发明者之一就是法国物理学家库仑。库仑在很长一段时间内都致力于电力作用规律的研究。库仑为了测量两个带电小球之间的斥力作用，精心制作了一个电扭秤，通过反复细致的实验，库仑成功测算出两球的斥力大小，并据此提出了库仑定律。

库仑定律

库仑定律表明，在静止等特定条件下，两个相同质量且带有同种电荷小球之间的排斥力与距离的平方成反比，这一定律揭示了电磁作用的规律，对电学发展意义重大。

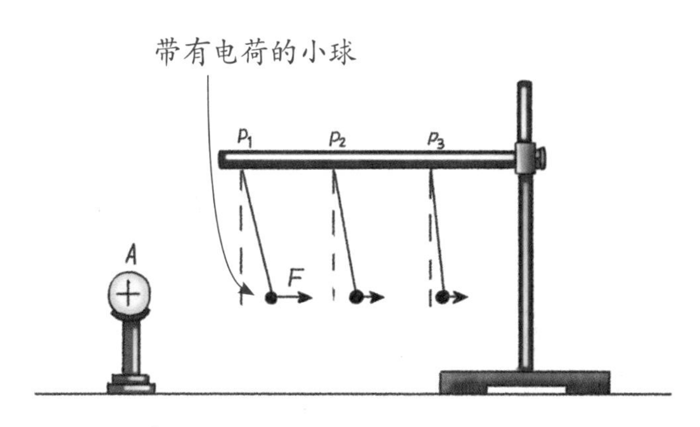

▲ 库仑定律

第一个测量地球密度的人

除了库仑，还有一位物理学家在扭秤实验方面取得了很大成就，他就是著名的卡文迪什。卡文迪什自制的扭秤测量出了引力常量，从而推算出地球的质量和密度，从而为牛顿的万有引力定律提供了直接证据。他也因此被称为“第一个测量地球密度的人”。

▶ 卡文迪什

由青蛙腿引出的伏特电堆

科学的进步和发展似乎总与神秘的自然界有着千丝万缕的联系。古往今来，不知多少投身于科学研究工作的学者从动植物身上得到启发，创造了一项又一项足以改变人类文明进程的伟大发明。人类对电的运用中的一大进步，竟源于一条普普通通的青蛙腿！究竟是怎么回事呢？一起来看一下吧！

▲ 伽伐尼蛙腿实验

会抽搐的青蛙腿

1786 年的一天，意大利物理学家路易吉·伽伐尼正在实验室里聚精会神地解剖青蛙。他突然发现，一条穿过铁丝、悬挂在铜钩上的青蛙腿竟然“莫名其妙”地抽搐、收缩起来，这马上引起了伽伐尼的注意。他在此基础上又反复做了几次实验，结果青蛙腿每次都会收缩。于是，伽伐尼认为，青蛙腿本身就带有某种“动物电”，可以释放电流。

小百科

1791 年，伽伐尼在《论肌肉中的电力》一文中，首次论述了“动物电”的观点。这一论述很快在科学界引起轰动，伽伐尼赢得了很多业界同行的支持。

向“动物电”发起挑战

在“动物电”理论盛行的时候，知名电学专家亚历桑德罗·伏特决定以实验来验证这个理论的正确性。虽然在实验的过程中，青蛙腿的确出现了抽搐现象，可伏特却对伽伐尼的观点提出了不同的看法。在用不同材料进行了多次实验之后，伏特得出结论，两种金属之间连接任何潮湿材料都会产生持续性的电流。

◀ 伏特

伏特电堆

酷爱钻研电学的伏特没有就此止步，他努力尝试，最终在1800年成功研制出了“伏特电堆”。“伏特电堆”由一些圆柱形的铜片和锌片，以及浸润过特殊溶液的纸张、皮革或湿布组成，这个看起来十分简单的装置，却能产生电流。后来，伏特通过进一步实验发现，当装置叠得越高时，它产生的电流就越强。“伏特电堆”被认为是世界上的第一个电池组，开创了电学领域一个崭新的时代。

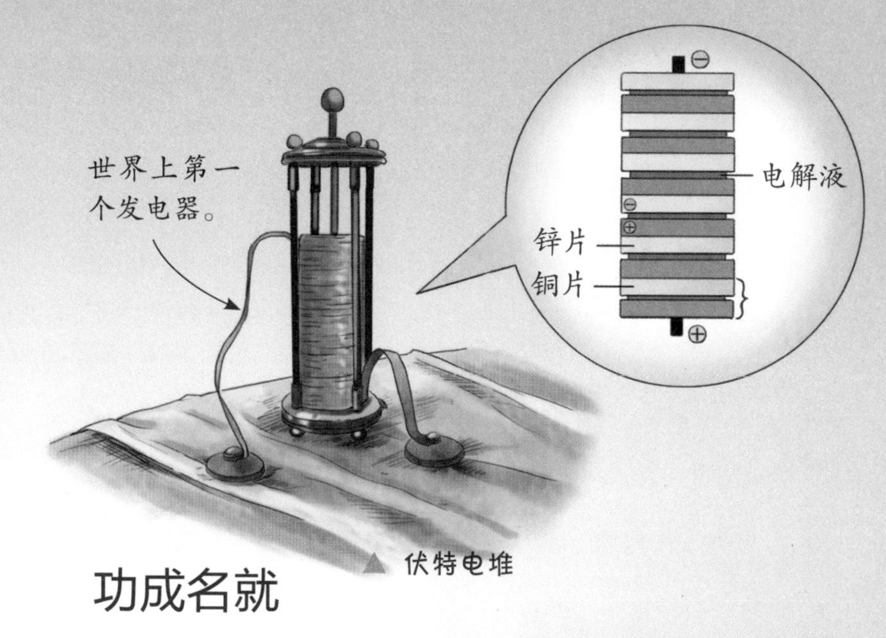

▲ 伏特电堆

功成名就

伏特因为“伏特电堆”迅速成了科学界的明星，就连一代伟人拿破仑对他也是欣赏有加。之后，拿破仑还特意接见了伏特，并封他为伯爵，赏了他一大笔钱。为了纪念这位物理学家对人类所做的突出贡献，人们将“伏特”作为电压的单位。这足以看出，伏特对电学发展具有极其重要的意义。

▼ 伏特演示伏特电堆

发现电流磁效应

安德烈·玛丽·安培

安培被誉为“电学中的牛顿”。

前面我们讲过人类对于电与磁的早期研究已经有所突破。到了 19 世纪，科学家们不仅将电学与磁学作为一门单独的学科分别加以研究，还发现了电流与磁性效应之间的微妙联系，并深入钻研，使之更好地为人类服务。

奥斯特——电流磁效应的开端

当人类发现了电和磁这两个新事物之后，就一直努力想要找到他们二者之间的关系，丹麦物理学家奥斯特就是其中之一。作为一个思想积极分子，虽然前人有关电和磁没有联系的观点正在被大众所接受，但奥斯特偏要向世俗挑战。他为了证明电与磁之间存在联系做了很多努力，那时他一直认为，电与磁之间的力只能是纵向的向心和。直到一次偶然的尝试后，奥斯特发现了电与磁之间有一种螺旋式的横向力。这一新发现，终于捅破了电与磁之间的这层窗户纸，让两个原本关系紧密的伙伴得以重新认识。

安培与弗朗索瓦·阿拉戈进行电磁实验

敲开电磁学的神秘大门

安培是法国著名的物理学家。他在奥斯特研究成果的基础上，继续深入地挖掘，寻找“电动力”的相关理论，即电流就是磁的本原，电流间的相互作用力影响着电磁的产生。他提出任何物质的分子中都有圆形电流，即“分子电流假说”。作为一个基础理论，他一直通过不断实验来证实。他有 4 个意义深远的实验，并从中得出了恒定电流相互作用之间的规律，也就是电磁学的基本规律之一——安培定律。

用一只右手解释一个原理

你肯定想不到安培这位电磁学的开山之人，在奥斯特发现电流磁效应前一直坚信电与磁之间毫无关系。我们知道著名的安培定则，也叫右手螺旋定则。这一定则分为两部分，第一部分是右手握住通电的直导线，大拇指指向通电螺线管 N 极，那么四指指向就是导线周围磁场的环绕方向；另外一部分是如果用右手握住通电螺线管，让四指指向电流的方向，那么大拇指所指的那一端就是通电螺线管的 N 极。

S

N

▲ 安倍定则

一个订书匠的逆袭

在奥斯特、安培理论的基础上，英国的迈克尔·法拉第一直努力寻找着“磁生电”的相关原理。因为家境的关系，早期他只能作为一个订书匠游走在科学探索的边缘。后来，他成了科学家戴维实验室的一名工作人员。在跟随戴维的这段时间，他接触了很多科学界的翘楚，这也为他后来的研究提供了帮助。通过不断的实验研究，法拉第发现了磁体在运动时，周围的导线会产生电流。这一结果为他日后电动机的发明提供了基础，可以说是时代进步的不小推动力。

▼ 法拉第讲授电学、磁学知识

麦克斯韦与电磁场

在科学向前发展的道路上，一个理论的最终确定可能需要好几代人的共同努力。在电磁学的发展历史上，有前人的投石问路，就有后人的创新发现。在众多伟大科学家中，有一位名为麦克斯韦的科学家，他发现了能将电与磁合二为一的电磁场。

童年兴趣

麦克斯韦是著名的英国物理学家。他 1831 年出生于一个富庶的家庭。12 岁这年，他跟随父亲第一次看到了关于电磁现象的演示实验，这为他日后投身于电磁的研究埋下了兴趣的种子。

▲ 麦克斯韦方程组

▲ 詹姆斯·克拉克·麦克斯韦

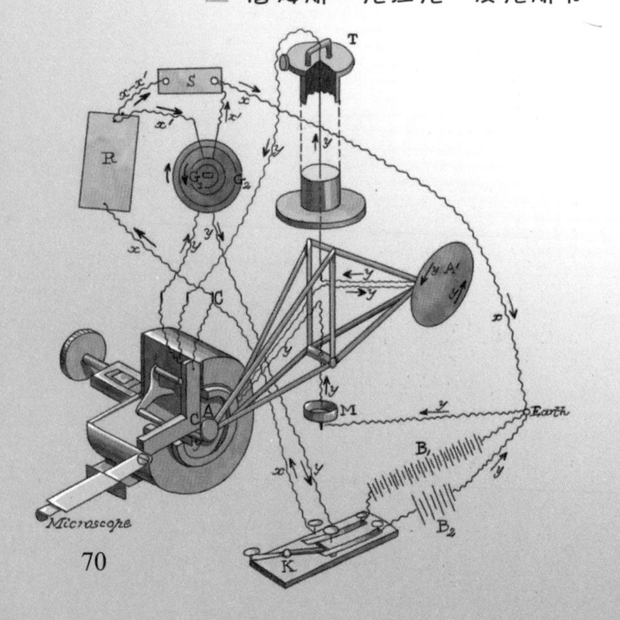

用数学形式表述电磁规律

麦克斯韦对电磁学的探索始于法拉第的《电学实验研究》，他用了近 10 年的时间完成了他的伟大工作。在研究法拉第理论的同时，麦克斯韦也注意到了他的失误，并加以推敲。麦克斯韦极具数学天赋，所以他致力于用数学的形式来表述电磁的规律。他曾发表过一篇名为《论法拉第的力线》的论文，成功塑造了电力线的数学模型。1865 年，他的论文《电磁场的动力学理论》宣告了“电磁理论”的诞生。1873 年，他的《电磁理论》作为一部划时代的巨著成功出版。

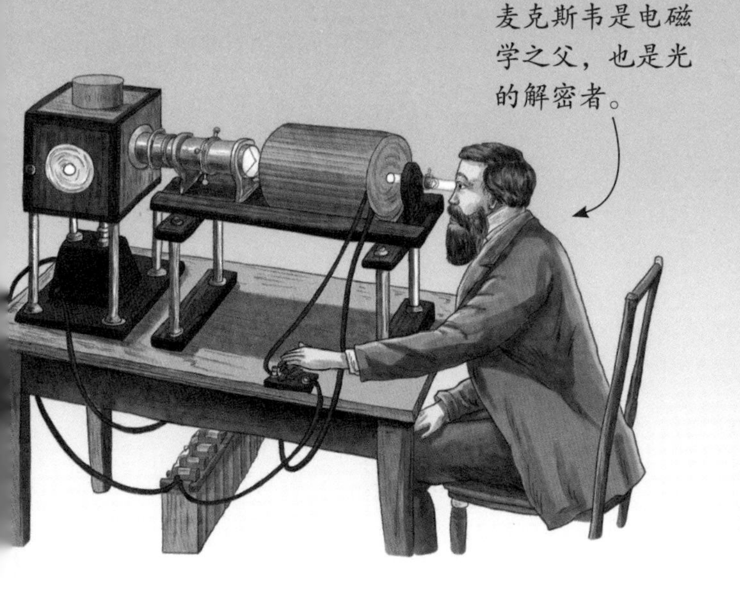

将电、磁、光完美融合

物理学上，麦克斯韦方程组被称为“美学上真正完美的对称形式”。它将电场和磁场统一为一个电磁场，并预言两种磁场相互促进会产生一种可以在空间传播的横波，也就是后来的“电磁波”。麦克斯韦除了研究电磁之外，还在光学方面颇有建树，在电磁波理论的基础上，麦克斯韦又有了更大胆的想法，他认为光也会以波的形式在电磁场中运动，这就是他的“光的电磁学说”理论。

天才的附加值

麦克斯韦除了是一个理论者，还是一个实验家，他在科学家卡文迪什的实验基础上发明了麦克斯韦电桥。除此之外，他还首次利用统计方法推导出了气体分子的运动速度分布定律，也就是麦克斯韦速度分布律。抛开物理学，他还创立了定量色度学。

无线电波和X射线

自 19 世纪开始，无线电波与人类文明的关系越来越紧密。今天无线科技的发展，都要归功于 19 世纪伟大的科学家——海因里希 · 鲁道夫 · 赫兹。除了赫兹，还有另一位同样对人类发展有着巨大贡献的科学家伦琴，他机缘巧合下发现的 X 射线，为现在医疗事业的发展提供了巨大帮助。

将人类推向信息时代

1857 年出生于德国的赫兹肯定没想到，他多年之后的一项发明可以影响整个人类。赫兹自小就对科学有着浓厚的兴趣，上学期间，他就开始进行一些物理学方面的研究，直到看到麦克斯韦的方程式，这仿佛打开了他人生中的另一扇门。

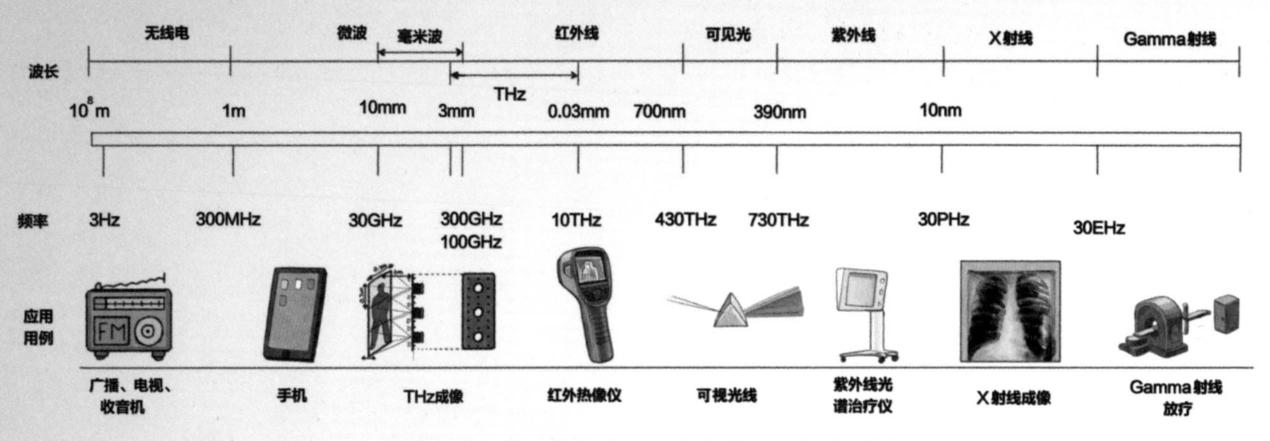

电磁波理论基础上的飞跃

赫兹对于麦克斯韦关于电磁波的理论深信不疑，19 世纪 80 年代，他开始通过实验的方式想要验证这一理论的真实性。赫兹在经过了无数尝试之后，发明了一个装置：一个由感应线圈的电路、一个金属圈和一个电火花发生器组成的小型装置。当合上电路开关之后，感应线圈与电火花发生器之间会产生微弱的火花。在此基础上，他还发现，电磁波可以反射、折射和衍射。这一突破性的实验，不仅验证了电磁波是真实存在的，还帮助他探测到了无线电波，这为后来科学家古列尔莫 · 马可尼无线电通信的研发打下了基础。

▼ 赫兹的电磁实验

▼ 威廉·伦琴

哪有那么多机缘巧合

科学发现有时就是一瞬间的事，但这个瞬间需要很多前期理论与实践的铺垫。科学家威廉·伦琴一直在研究关于阴极射线的属性问题。这位实验物理学家，一直通过实验探究着物理学的许多领域。有人说他是在机缘巧合下发现了 X 射线的存在。但是世上哪有那么多机缘巧合。要知道，他为了研究高度真空状态下放电管的阴极射线属性一直是废寝忘食。

X 射线的神秘力量

伦琴研究的阴极射线，其实就是一个玻璃管在真实状态下通电后，由它阴极一端放射的某种射线。伦琴在实验的过程中发现，尽管他已经把玻璃管外包裹得非常严密，但仍然有一道看不见的射线投射在了一张亚铂氰化钡的小屏上。这一道神秘的光束，就像物理学界的新大陆，令伦琴为之着迷。后来他游说妻子加入实验，他在阴极线管前放置了一张照相底片，然后让妻子把手放在它们之间，一会儿底片上就留下了清晰的手骨图片，这也就有了世界上第一张 X 光片。X 射线的发现，大大促进了医学科学的发展，并且在物理学其他领域被广泛应用。

◀ 伦琴和妻子在实验室中